大学生旅游安全与防护管理

薛晨浩◎著

经济管理出版社

ECONOMY & MANAGEMENT PUBLISHING HOUSE

图书在版编目（CIP）数据

大学生旅游安全与防护管理/薛晨浩著．—北京：经济管理出版社，2021.6
ISBN 978 - 7 - 5096 - 8041 - 4

Ⅰ．①大…　Ⅱ．①薛…　Ⅲ．①大学生—旅游安全 ②大学生—旅游—安全防护
Ⅳ．①X959

中国版本图书馆 CIP 数据核字（2021）第 108181 号

组稿编辑：魏晨红
责任编辑：魏晨红
责任印制：赵亚荣
责任校对：陈　颖

出版发行：经济管理出版社
　　　　　（北京市海淀区北蜂窝 8 号中雅大厦 A 座 11 层　100038）
网　　　址：www. E - mp. com. cn
电　　　话：（010）51915602
印　　　刷：北京虎彩文化传播有限公司
经　　　销：新华书店
开　　　本：720mm×1000mm/16
印　　　张：13
字　　　数：198 千字
版　　　次：2021 年 7 月第 1 版　　2021 年 7 月第 1 次印刷
书　　　号：ISBN 978 - 7 - 5096 - 8041 - 4
定　　　价：68. 00 元

献给玖希

本书由西北民族大学企业管理创新团队项目（1110130154）和中央高校基本科研业务费创新团队培育项目（31920190031、31920190032）共同资助。

序

　　旅游安全是指旅游活动中各种安全现象的总称，既包括旅游活动中各相关主体的安全现象，也包括人类活动中与旅游现象相关的安全事态以及社会现象中与旅游活动相关的安全现象。旅游安全贯穿于吃、住、行、游、购、娱六大活动环节，既包括旅游主体即旅游者的安全，又包括旅游客体即旅游资源的保护与可持续发展，也包括旅游媒介即旅游交通和旅游从业者的安全。其中旅游者的安全备受行业关注。

　　大众旅游时代，在校大学生已经成为第三大主流旅游人群，大学生旅游安全事件频发也成为困扰高校和旅游业可持续发展的一个重要问题，这与他们的安全意识薄弱、安全常识缺乏、安全教育缺失等有很大关系。大学生出游群体在出游过程中可能会遇到旅游犯罪、旅游纠纷、旅游餐饮住宿问题和自然灾害与社会治安等问题，甚至面临生命危险，这也是高校及旅游业亟待解决的问题。

　　《大学生旅游安全与防护管理》的出版，系统性地补充了大学生出游安全教育的空缺。全书包含了出游前准备、出游过程安全防护和安全常识三部分，出游前部分主要梳理了旅游的相关概念和出游前的物质准备、信息准备和心理准备，解释了出游方式及交通工具选择情况；出游过程部分详细讲述了旅途中安全、住宿安全、饮食安全、游览安全、购物安全、娱乐安全和社会治安与事故应对安全，基本涵盖了旅游过程中的安全隐患；安全常识部分详细解释了常用自救知识、旅游保险、处理旅游纠纷常识，是出游过程安全教育的必要补充。

综观本书，我认为有很多可圈可点之处，这是一部实用性较强、对大学生出游安全教育具有重要参考价值的专著。该书研究视角独特，从 4000 万高等教育在校生的角度出发，试图通过他们对出游安全的理解，分析当前大学生出游群体安全意识、安全教育缺失的深刻原因，唤起高校对学生出游安全教育的重视。本书内容丰富，理论讲解与案例分析相结合，从出行前准备、出游方式选择入手，构建旅游六要素的安全事故应对体系，并对常用自救知识、旅游保险、出境游安全做了详细讲解。该书涵盖了出行过程中的全部环节，是大学生旅游安全知识的普及手册，也是作者近几年来旅游管理教学和学生管理工作的结晶，即使没有出行经验和旅游经历，也能从中获得大量的旅游安全知识，来规避出游途中可能出现的风险和消费陷阱。

对于旅游安全研究来说，本书的出版是一件值得关注的事，大学生出游群体作为一个规模庞大、属性单一且受行业关注的群体，他们的旅游安全与防护还有许多理论和实践问题需要进一步深入研究。我相信本书一定会对我国旅游安全与防护研究提供重要参考，同时希冀更多的关于旅游安全与防护的专著出版。

宁夏大学资源环境学院　李陇堂

2021 年 1 月　银川

前　言

在旅游业供给侧改革背景下，旅游消费人群逐渐细分，在校大学生群体已经成为第三大主流旅游人群。大学生对出游有着强烈的主观意愿，但是大学生旅游安全事件频发也成为困扰高校和旅游业可持续发展的一个重要问题。大学生初入社会，他们的安全意识还很薄弱，安全常识还比较缺乏，个别学生产生的旅游动机与行为缺乏安全性，加之学校在出行安全教育上的缺失、旅游目的地社会治安环境的不稳定，发生在大学生出游群体中的安全事故时有发生。2016 年，上海对外经贸大学学生朱某在华山坠崖身亡；2017 年，北京林业大学 9 名大四女生结伴乘坐面包车从哈尔滨前往雪乡途中发生重大交通事故；2018 年，两名大学生在岳麓山夜骑时撞上路边树木后造成一死一伤；2020 年，南京女大学生黄某从南京前往青海格尔木旅游，失联近二十天后在可可西里自然保护区清水河南侧无人区发现其遗骸……这一件件令人扼腕的旅游事故背后，是一条条鲜活生命的消逝，是一个个家庭在承受爱子离世的巨大悲痛。除了生命的逝去，更多大学生出游群体遇到的是在出游过程中可能出现的旅游犯罪、旅游纠纷、旅游餐饮住宿问题和自然灾害与社会治安等问题，也是高校及旅游业所面临的挑战。

2016 年，原国家旅游局颁布的《旅游安全管理办法》共六章四十五条，对旅游经营者提出了安全管理的具体要求：服务场所、服务项目和设施设备符合有关安全法律、法规和强制性标准的要求；配备必要的安全和救援人员、设施设备；建立安全管理制度和责任体系；保证安全工作的资金投入。同时，国家也建立了旅游目的地安全风险（以下简称风险）提示制度，旅游主管部门根据可能对旅游者造成的危害程度、紧急程度和发展态势，风险提示级别分为一级（特别严重）、二级（严重）、三级（较重）和四级（一般），分别用红色、橙色、黄色和蓝色标示。由原国家旅游局（现文化和旅游部）会同外交、卫生、公安、国土、交通、气象、地震和海洋等有关部门制定或者确定风险提示级别，并向全社会发布风险提示信息，包括风险类别、提示级别、可能影响的区域、起始时间、注意事项、应采取的措施和发布机关等内容，从制度上保障了旅游企业的安全运营和风险规避。

在高校教育方面，吴必虎、郑向敏、郝革宗等自 20 世纪 90 年代开始关注旅游安全感知、旅游安全理论与实践体系构建、灾害性旅游安全事故分析。目前学界已构建了完善的旅游安全理论体系，也对都市旅游、海岛旅游、野外探险等安全管理进行了案例研究，各旅游景区和行政管理部门、交通管理部门制定了完善的安全管理、安全生产、安全预警和应急救援体系，但是大学生旅游安全事故频发、大学生群体缺乏社会和野外生存经验的问题仍要引起重视。

目　录

第一章　旅游概论

一、旅游活动

旅的小篆字体为""，《说文解字》中解释"旅"为"力举切，军之五百人为旅。从从（yǎn，旗帜飘扬的样子）从从"。《博雅》称："旅，客也。"《旅卦疏》称："旅者，客寄之名，羁旅之称，失其本居而寄他方，谓之为旅。"《左传·庄公二十二年》曰："羁旅之臣，幸若获宥。"即指旅居在外的官员。《傳》称"祭山曰旅"，意指登高祭拜山神、祈福大典是旅。古文中"旅"也指供旅客所居的地方，如"旅店""旅舍"。南朝谢灵运《游南亭诗》云"久痗昏垫苦，旅馆眺郊歧"，意指"身在旅馆眺望郊外"。

游的小篆字体为""，原指"游水"，即淮河下游分支，由今江苏省涟水县、灌南县至连云港市入黄海。亦指结交、交游，《史记·郦生传》有云"此真吾所愿从游"，意思是"这才是我真正想要追随、结交的人"。明代宋濂《送东阳马生序》"又患无硕师名人与游"、陶渊明《归去来兮辞》中"息交以绝游"均为此意。还有考察、学习、出访之意，《后汉书·张衡传》有云"游于三辅"，梁启超作《谭嗣同传》中的"劝东游"。

由此可见，旅游在中国古代就已存在，第三次社会大分工后，包括游观、游豫、游猎、巡游、宦游、游学、商游、卧游及朝山进香、民间节事等中的旅游与休闲。多记录在古代地理名著和游记中，如《水经注》《徐霞客游记》《中国古今地名大辞典》等。纵观世界发展历史，可以将旅游的发展分为以下三个阶段。

1. 旅游的萌芽与发展

随着社会生产力的进步，人类发展历史出现第二次社会大分工，手工业同种植业和畜牧业相分离，商品经济出现萌芽，私有制逐渐形成。人们根据生产和生活需求，可自由交易商品，便出现离开常住地的外出经商活动，虽然这些活动并不是以游览、度假为目的，但也产生了人们对其他地区了解接触的欲望，商品活动也为后来旅游发展奠定了交通基础。如波斯帝国在公元前330年修建了第一条公路，并沿途设有多处驿馆，这给商旅通行带来极大便利。经济和文化繁荣使一些从事宗教、科学、艺术的人也加入到商旅队伍中，商品流通和人员交流逐步扩大。

中央集权的封建国家的出现，为旅行互动的发展奠定了政治经济基础，帝王官宦、王公贵族和商贾队伍是此时旅行的主要组成部分。在漫长的欧洲中世纪时期，欧洲没有一个强权政治出现，封建割据带来频繁的战争，生产力趋于停滞，科技和文化倒退，再加上教会势力的禁锢和强大、流行疾病的袭击，导致商品经济逐渐萧条，交通要道上设置的客栈、驿馆也大量衰败。

在此阶段，旅游的形式主要表现为：以商务活动为主、记录通商地区人文风情的商务旅行；以朝圣、宗教交流、云游为主的宗教旅行；以国家外交活动和官宦士族游说活动为主的政治旅行；以帝王游览、巡察、祭祀为主的帝王巡游；以学者探索观察世界、著书立说、传道授业为主的科考求学旅游。这一阶段的旅行活动与国家的政治、经济、文化发展水平有直接关系，以权贵阶级和知识分子的旅行活动为主，普通大众由于物质基础和观念原因，还未产生旅行观光的意识和需求。

2. 近代旅游活动的兴起

资本主义制度的确立，工业革命的迅速开展，极大地推动了世界经济和社会结构的转变，引起了生产关系的深刻变革，加快了人口向城市转移的速度，生产效率的提高使阶级关系发生了变化，财富逐渐向工业资产阶级转移，从而扩大了有财富且有出游物质基础的人群规模；但是工人阶级被繁重的、枯燥的且无休假的机器生产所包围，普通劳苦大众有强烈的争取闲暇时间的意愿，随着社会生产力的发展和工人阶级的不断斗争，周末休假和带薪假日制度得以确立，具备旅游条件的人群规模进一步扩大。

便捷发达的交通运输极大地促进了近代旅游的发展。相对于马车、轿子等交通工具，汽车、铁路、蒸汽机轮船的问世极大地提高了交通运输速度，降低了出行时间成本和货币成本。同时，运量的大幅提升也使大规模出行成为可能，人们的活动范围也逐步扩大。19世纪后期，西方国家工业革命基本完成，经济发展和交通技术成熟使人们产生出游动机，但是陌生的社会环境和语言、货币上的差异成为人们出游面临的障碍。

1841年7月5日，托马斯·库克组织了世界上第一次商业性旅游活动，他租了一列火车，将570名教徒从英国中部莱斯特送至拉巴夫勒参加禁酒大会，往返行程共11英里（收费每人1先令，提供免费午餐、小吃）。这是人类第一次利用火车组织团体出行旅游，被认为是近代旅游活动的开端。同年，托马斯·库克建立的"托马斯·库克"旅行社，也是世界上第一个旅行代理机构（2019年9月宣布破产）。1845年夏天，托马斯·库克组织了从莱斯特至利物浦的团队旅游，途中停留若干地点，其间编发了《利物浦之行手册》，这是世界上第一本旅游指南。

在此阶段，产业革命对旅游发展影响极大，主要体现在：促进生产力提高导致工人阶级财富增加，购买力增强；资本主义向外输出商品导致国际间商务旅游兴起；快速城市化导致人口向城市聚集，也间接导致乡村旅游的兴起；交通工具的革新使蒸汽机旅游成为现实。此阶段旅游主要呈现以下特征：出游群体的多层次性，工人阶级逐渐成为旅游活动的主要群体，打破了少数权贵阶级对旅游的垄断；因消遣动机而外出的旅游人数超过传统的商务旅行，休闲旅游开始兴盛；旅游活动空间扩展到全球，不同国家和不同价值观交流增多；旅游业成为一个独立的经济部门而存在，旅游保障制度逐渐完善。

托马斯·库克的诸多第一

1. 1841 年，第一次火车团体旅游

2. 1845 年，创办第一家旅行社、编发第一本旅游指南

3. 1846 年，第一次商业性导游活动

4. 1855 年，第一次出国包价游

5. 1872 年，第一次全球旅游

6. 1880 年，成立第一个旅游代理商

---

3. 现代旅游发展

第二次世界大战后，全球关系趋向缓和，各国将发展重点放在经济恢复和发展上，人们迫切希望有和平的发展环境，经济的迅速发展和现代科技引致的交通技术快速发展为旅游业提供了坚实的基础。另外，旅游需求也在不断扩大，中产阶层迅速扩张，人们收入和支付能力、闲暇时间的不断增加使越来越多的人趋向于外出旅游，大众旅游时代到来。1946 年 10 月，国家旅游组织联合会（世界旅游组织前身）在日内瓦成立，20 世纪 50 年代，旅游观光已经成为一个新兴的产业，喷气式飞机的应用使跨国旅游的时间花费大幅缩减，1960年，全球国际旅游过夜人数为 6932 万人次，在 1990 年达到了 4.5566 亿人次，年均增长 6.5%。

在此阶段，世界旅游活动呈现以下特点：持续快速增长，旅游者人数和旅游收入均呈快速发展趋势；大众旅游发展迅速，旅游活动逐渐成为一种社会性活动；涉及地域愈加广泛，各国对旅游业的重视推动了全球旅游目的地的发展；旅游动机多样性，个性化旅游需求逐渐增多，旅游产品供给逐渐丰富。

通过回顾旅游业的起源与发展可以得出，旅游业是一个新兴的"无烟产业"，是伴随着经济发展和科技发展而不断壮大的，既是社会进步的产物，又是经济发展的标志。越来越多的人在收入增长、闲暇时间增多并解决了生存问题后，开始产生享受和发展的需求，旅游逐渐成为人们生活中不可或缺的事件。根据《中华人民共和国文化和旅游部 2019 年文化和旅游发展统计公报》，

2019 年国内旅游市场和出境旅游市场稳步增长，入境旅游市场基础更加牢固。全年国内旅游人数 60.06 亿人次，比 2018 年同期增长 8.4%；入境旅游人数 14531 万人次，比 2018 年同期增长 2.9%；出境旅游人数 15463 万人次，比 2018 年同期增长 3.3%；全年实现旅游总收入 6.63 万亿元，同比增长 11.1%。我们可以认为在当今社会经济发展和社会秩序稳定的前提下，旅游业是永不过时的"朝阳产业"。

二、旅游资源

1. 概念

旅游资源（Tourism Resources）是旅游业发展的基础，我国旅游资源丰富、种类众多、品位较高，具有广阔的发展前景和开发潜力，《旅游资源分类、调查与评价》（GB/T 18972—2017）（2003 版的修订版，以下简称《国标》）规定：旅游资源是自然界和人类社会凡能对旅游者产生吸引力，可以为旅游业开发利用，并可产生经济效益、社会效益和环境效益的各种事物和现象。

除国标定义外，国内众多学者对旅游资源概念的理解也不尽相同。郭来喜认为，凡是能为人们提供旅游观赏、知识乐趣、度假疗养、娱乐休息、探险猎奇、考察研究以及人民友好往来和消磨时间的客体和劳务均可称为旅游资源；保继刚认为，凡是能对旅游者产生吸引力的自然存在和历史文化遗产以及人工创造物都可以称为旅游资源；李天元认为，凡是能对旅游者产生吸引力的自然事物、文化事物、社会事物和其他客体，都是旅游资源。不难得出旅游资源应具备以下特点：具有吸引力、能激发旅游者的旅游动机、产生旅游活动、客观存在且具有地域差异。

2. 分类

2017 版《国标》将旅游资源共分为 8 个主类、23 个亚类、110 个基本类型。8 个主类分别是地文景观、水域景观、生物景观、天象与气候景观、建筑与设施、历史遗迹、旅游购品、人文活动。

地文景观包括自然景观综合体（山丘型景观、台地型景观、沟谷型景观、滩地型景观）、地质与构造地形（断裂、褶曲、地层剖面、生物化石点）、地表形态（台丘状地景、峰柱状地景、陇岗状地景、沟壑与洞穴、奇特与象形山石、岩土圈灾变遗迹）、自然标记与自然景观（奇特自然现象、自然标志地、垂直自然带）。

水域景观包括河系（游憩河段、瀑布、古河道段落）、湖沼（游憩湖区、潭池、湿地）、地下水（泉、埋藏水体）、冰雪地（积雪地、现代冰川）、海面（游憩海域、涌潮与击浪现象、小型岛礁）。

生物景观包括植被景观（林地、独树与丛树、草地、花卉地）和野生动物栖息地（水生动物栖息地、陆生动物栖息地、鸟类栖息地、蝶类栖息地）。

天象与气候景观包括天象景观（太空景象观赏地、地表光现象）、大气与气候（云雾多发区、极端与特殊气候显示地、物候景象）。

建筑与设施包括人文景观综合体（社会与商贸活动场所、军事遗址与古战场、教学科研实验场所、建设工程与生产地、文化活动场所、康体游乐休闲度假地、宗教与祭祀活动场所、交通运输场站、纪念地与纪念活动场所）、实用建筑与核心设施（特色街区、特性屋舍、独立厅室馆、独立场所、桥梁、渠道与运河段落、堤坝段落、港口渡口与码头、洞窟、陵墓、景观农田、景观牧场、景观林场、景观养殖场、特色店铺、特色市场）、景观与小品建筑（形象标志物、观景点、亭台楼阁、书画作、雕塑、碑碣、碑林、经幢、牌坊牌楼影壁、门廊廊道、塔形建筑、景观步道、雨路、花草坪、水井、喷泉、堆石）。

历史遗迹包括物质类文化遗存（建筑遗迹、可移动文物）和非物质文化遗存（民间文学艺术、地方习俗、传统服饰装饰、传统演艺、传统医药、传统体育赛事）。

旅游购品包括农业产品（种植业产品及制品、林业产品与制品、畜牧业产品与制品、水产品及制品、养殖业产品与制品）、工业产品（日用工业品、旅游装备产品）、手工艺品（文房用品、织品染织、家具、陶瓷、金石雕刻、雕塑制品、金石器、纸艺与灯艺、画作）。

人文活动包括人事活动记录（地方人物、地方事件）、岁时节令（宗教活动与庙会、农时节日、现代节庆）。

三、旅游安全

1. 概念

旅游安全是指旅游活动中各种安全现象的总称。既包括旅游活动中各相关主体的安全现象，也包括人类活动中与旅游现象相关的安全事态以及社会现象中与旅游活动相关的安全现象[①]。旅游安全贯穿于吃、住、行、游、购、娱六大活动环节，既包括旅游主体即旅游者的安全，又包括旅游客体即旅游资源的保护与可持续发展，也包括旅游媒介安全即旅游交通和旅游从业者安全。本书主要介绍旅游主体即旅游者的安全，包括人身安全、财产安全、精神安全等。

2. 研究现状

国外旅游安全研究始于20世纪70年代关于社会不稳定因素对旅游发展影响的探讨，随后掀起了对旅游安全的研究高潮，主要集中在旅游与恐怖主义、犯罪活动、社会治安状况、政治环境和战争事件的关系，实证研究了恐怖主义、犯罪、战争等对旅游活动的影响。此外还有关于游览安全、饮食安全、住宿安全、旅游交通安全的研究。由于我国旅游产业起步较晚，对旅游安全的研究也晚于国外，国内关注研究旅游安全可追溯至20世纪90年代关于水域旅游安全和风景名胜区旅游安全宣传的论述。吴必虎、郑向敏、郝革宗等开始关注旅游安全感知、旅游安全理论与实践体系构建、灾害性旅游安全事故分析。其中吴必虎等基于旅游心理学和行为地理学原理，采用抽样调查法在全国22所高校中选取了834个样本进行了旅游安全感知研究，详细分析了交通工具、出行形式、自身差异等因素与样本对旅游安全感知的关系，提出要加强旅游目的

---

① 郑向敏. 旅游安全学［M］. 北京：中国旅游出版社，2003.

地的安全建设，改善目的地安全形象。2003 年"非典"事件后，学界对旅游安全的研究明显增多。郑向敏构建了中国旅游安全保障体系，并分析了保障体系的五个子系统及其系统要素；张西林建立了旅游安全事故因果连锁模型，阐述了事故发生机制、原理并提出了预防对策和建议；侯国林分析了旅游危机的类型、影响内容和影响机制，提出要在旅游危机的不同阶段采取不同的管理措施和对策；郑向敏等对都市旅游和沿海岛屿旅游的安全管理做了具体探讨；邹统钎分析了探险旅游的安全管理，从探险旅游风险评估及保障机制两个方面进行了论述；谢朝武构建了我国的旅游安全预警体系，包括突发事件预警、环境污染预警、旅游容量预警和旅游业务预警模块，提出建立各行政级别的旅游安全风险预警机制；李军鹏提出要建立包含旅游安全保障的旅游公共服务体系。

尽管学界已构建了完善的旅游安全理论体系，也对都市旅游、海岛旅游、野外探险等安全管理进行了案例研究，各旅游景区和行政管理部门、交通管理部门制定了完善的安全管理、安全生产、安全预警和应急救援体系，但是旅游安全事故频发的问题仍应受到重视。尤其是当代大学生有自由的空闲时间和相对充裕的旅游资金，在大众旅游的时代背景和媒体的宣传下，逐渐产生了各种旅游动机，更有甚者进行了徒步穿越无人区、骑行入藏、野外宿营等高危险性旅游活动，但是大学生群体缺乏社会和野外生存经验，遇到危险时往往会手忙脚乱、轻易相信别人，导致被骗。大学生成为旅游消费的有生力量，他们对出游有着强烈的主观意愿，但是大学生旅游安全事件频发也成为困扰社会、家庭、高校和旅游业可持续发展的一个重要问题。如何使大学生提高旅游安全意识，增加旅游安全常识，从容面对出游过程中可能出现的旅游犯罪、旅游纠纷、旅游餐饮住宿甚至自然灾害与恐怖袭击等问题，是目前高校及旅游业所面临的挑战。

3. 大学生旅游安全体系建设

根据范向丽等的研究，可以构建以安全旅游环境体系、安全意识培养体系、安全行为控制体系、安全事故救援体系为一体的大学生旅游安全与防护管理体系（见图 1-1）。

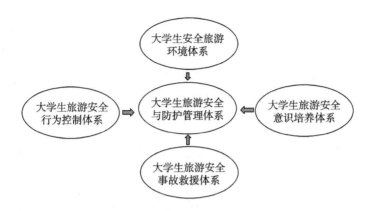

图1-1 大学生旅游安全与防护管理体系

（1）安全旅游环境体系。旅游环境包括自然环境和社会环境，根据本书收集的旅游安全事故案例得出，由环境因素导致的大学生旅游者安全事故占据较大的比例，安全旅游环境的建设应包括以下几个方面：

在自然环境方面，景区管理及城市管理机构应对景区安全隐患进行逐一排查，清除游步道旁松动岩石、弯折树木等障碍，防止意外发生，有潜在风险的景点或危险路段应设置牢固的护栏、护墙等防护装置。开展水体旅游的景区应及时清除游览水域的暗礁、尖锐石块和水底盘错的树枝。森林景区应尽快清除枯木、落叶等易燃物，降低火灾的发生概率。

在社会环境方面，应加强社会治安管理力度。大学生社会经验少，针对大学生尤其是针对女大学生的抢劫、诈骗等违法犯罪行为屡有发生，社会治安管理部门应该重视大学生出游群体的社会安全问题，完善针对大学生游客的相关立法，加大对罪犯的惩罚力度，为大学生旅游者创造一个良好的社会环境。

（2）旅游安全意识培养体系。大学生应提高旅游安全意识，主动学习安全知识。应主动利用书籍、网络及其他方式学习、了解旅游安全知识，掌握常用的急救方法，增强应对意外事故的能力。出游前要做好充足准备，对所到旅游景区应有充分了解；在参加团队出游时，应选择信誉好的旅行社，主动签订旅游合同、购买旅游意外伤害险；在游览过程中增强自主管理，应遵守景区的各项安全规定，听从旅行团导游的安排。

在大众旅游时代，高校应该开设相关的安全课程，尤其是旅游安全的知识普及，强化学生外出安全意识、增强学生鉴别潜在危险因素和自我保护的能力。同时，高校应加强学生的心理教育和生命教育，引导学生热爱生命，尊重生命。教育部门应加快学校安全立法工作，逐步建立系统、科学的安全教育课程体系，弥补现有教育制度的缺失。

（3）旅游安全行为控制体系。加强大学生旅游群体的行为控制。首先，应完善景区安全警示，管理部门应合理限定大学生游客的活动范围和空间；在易发事故的景点、酒店、道路危险处设置标示牌、警告牌等标志，提醒大学生游客加以足够重视。其次，旅游管理部门可设立联防大队或旅游警察，及时劝阻、制止、纠正大学生游客的危险行为，在旅游高峰期内对各主要景区和游道加强巡逻密度和力度，将安全事故消灭在萌芽状态。

规范旅游从业人员行为规范。避免出现从业人员和管理者认为安全程序烦琐、浪费时间、自以为是、麻痹大意的心理，提高从业人员和管理者严格遵守安全操作程序的意识，听取操作人员的建议对操作规范中不合理的内容予以调整。

加强机械设备的状态控制。游览设施故障是造成旅游安全事故的因素之一，景区应保证游乐设施的安全运行，采取全面的安全技术设施，强化法制管理，积极开展游艺设施安全研究，为人们提供更安全的游乐服务，推动游乐业的稳步发展。

（4）旅游安全事故救援体系。旅游安全事故救援体系是由旅游接待单位、旅游救援中心、保险、医疗、消防、公安、武警、通信、交通等多部门、多人员参与的社会联动系统。旅游目的地的旅游救援指挥中心在实际工作中起总指挥、核心作用；医院、公安机关、消防部门、武警部门等是旅游安全救援系统的执行机构，在安全救援系统中扮演着极为重要的角色；存在安全隐患的旅游景区、旅游企业、旅游管理部门和社区是旅游安全救援的直接外围机构；旅游地、保险机构、新闻媒体和通信部门则是安全救援的间接外围机构。在常规的旅游安全救援体系中应考虑增加专门的大学生救援或大学生权益保护机构，以保证大学生旅游安全救援工作有效开展。

大学生旅游安全与防护管理体系是一个牵扯多部门的复杂巨系统，由于在实际的安全控制与管理工作中，旅游目的地不可能建立独立的大学生旅游安全管理系统，因此，本书提出的大学生旅游安全与防护管理体系限于旅游安全意识培养体系子系统。

四、大学生旅游安全认知

1. 大学生旅游安全审视

掌上大学曾公布的一组数据显示，全国约有 71.6% 的在校大学生出游愿望强烈，大学生群体已经成为第三大主流旅游人群①。近年来，大学生出游群体频发旅游安全问题，引起了社会各界的广泛关注。2001 年 7 月 21 日，20 岁的天津南开大学学生张某等，从未向游人开放的南坡攀登太白山，结果迷路后坠崖身亡；2002 年"五一"期间，上海大学生华某攀登太白山时，在海拔3400 多米处遇难；2004 年 7 月，成都 6 名在校大学生骑自行车出游在川藏线失踪；2007 年"十一"期间，广东省某高校 7 名大学生登山爱好者进入秦岭腹地探险，其间遭遇山洪暴发，女研究生祁某被激流冲走遇难；2010 年"五一"期间，海南经济学院两名大学生在假日海滩不幸落水，一人溺亡；2013年 6 月，北京一女大学生赴港旅游，在宾馆内遭一男子强奸；2014 年 3 月 22日，湖北文理学院一名大一女生与同学在某公园骑行时意外摔伤身亡；2016年 1 月，上海对外经贸大学学生朱某在华山坠崖身亡；2017 年 12 月 31 日，北京林业大学 9 名大四女生结伴乘坐面包车从哈尔滨前往雪乡途中发生交通事故，造成 4 人死亡 5 人受伤；2018 年 6 月 26 日，两名大学生在岳麓山夜骑时撞上路边树木后造成一死一伤；2019 年 8 月，安徽籍大学生位某在嵩山峻极峰失联，9 月 8 日搜救队发现其遗体，该大学生出游前曾在空间发说说"吾去

---

① 李智慧. 大学生应做红色基因的传承者［EB/OL］. http://edu.people.com.cn/n1/2018/0724/c1006-30167504.html.

也，莫寻骸"；2020年5月，北京女大学生刘某在张家界天门山翼装飞行失联近6日后确认身亡；2020年7月，南京女大学生黄某从南京前往青海格尔木旅游，随后失联近二十天，7月30日，搜救队在可可西里自然保护区清水河南侧无人区发现其遗骸；2020年7月，南京女大学生在西双版纳失联，警方通报其被男友等人合谋杀害……

在这些悲痛的事件中，有在景区不慎坠崖、摔伤身亡的，有在海边溺水身亡的，有在进入无人区后身亡的，有在从事极限运动时出现意外身亡的，还有出游前出现心理问题在景区轻生的。一系列的旅游安全事故无不在警示社会：安全是旅游业发展的生命线，大学生出游群体的安全问题应引起各方重视，景区、学校、家庭和学生本人应履行安全教育义务、提高安全意识、增长安全常识，使大学生旅游者对旅游活动中的不安全因素有充分认识，提高旅游安全意识和防范能力，切实保障大学生旅游群体的人身安全、财产安全，推进旅游业健康有序发展。

2. 大学生旅游安全认知调查

国内吴必虎等人率先开展了对大学生旅游安全感知的评价研究，从安全感知的重要性、安全感知途径两方面了解旅游安全对大学生出游群体的重要性和关于建立旅游目的地安全感知的方式。并通过距离、交通方式、出游组织形式、经济状况等方面探讨了影响出游群体安全感知的要素。结合近几年关于大学生旅游安全感知的研究可知，个体对旅游安全的感知有明显差异，旅游目的地类型、距离远近、选乘交通方式、出游形式、结伴出游人数和经济条件均对大学生出游的安全感知产生影响。

为探讨大学生出游群体对旅游过程中的安全关注，笔者于2019年10～11月在西北民族大学采用随机抽样方式做问卷调查，共获取样本931份，有245名男同学和686名女同学参与调查，分别占到总数的26.32%和73.68%，样本中大一年级428人、大二年级256人、大三年级129人、大四年级118人，分别占到总数的45.97%、27.5%、13.86%、12.67%。

在调查样本中，大学生对自然风光类、风景名胜类、人文古迹类、冒险刺激类旅游目的地最为青睐，其中选择自然风光类和冒险刺激类旅游景点的学生占到81.85%和40.92%，说明大部分出游群体对山岳型、谷地型、海岛型、河湖型旅游目的地和户外探险等旅游方式情有独钟，这也说明大学生主观上选择旅游安全风险较大的景区类型占大多数，旅游安全教育和意识提高有极端重要性。如图1-2所示。

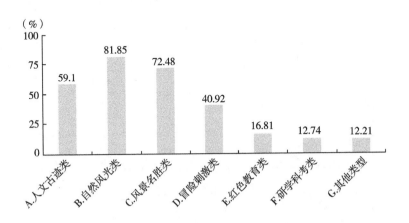

图1-2 旅游目的地类型对大学生出游群体的吸引力

在出游时间选择上，调查样本中多数学生倾向于在寒暑假或法定节假日出游，但是也应注意到有24.06%的学生喜欢"说走就走"；在出游方式选择上，88.72%的受访学生喜欢和同学、朋友自助游，2.15%的学生会选择和陌生驴友一起组团出游，也有23.52%的学生会考虑一个人单独出行；在出游交通工具选择上，129人选择了包车出游（13.86%），301人选择自驾出游（32.33%），140人选择骑行出游（15.04%），189人选择徒步出游（20.34%）。如图1-3所示。受网络宣传的影响，如"人生至少要有两次冲动——一次为奋不顾身的爱情，一次为说走就走的旅行""身体和心灵总要有一个在路上""旅行需要孤独，需要一个人慢慢体会，静静思考"等文案，很多大学生看到这些网络语句后被深深地撼动，进而形成发自内心深处的共鸣，产生独自旅行、骑行、徒步等旅游动机与行为。

在出游前的准备环节，调查样本中有1/10的学生在小长假和周末外出旅游不会履行学校要求的相关请假手续；3.76%的受访学生不会去准备行程中景

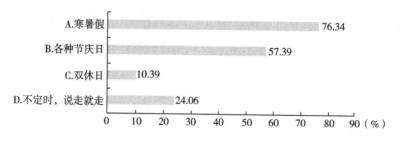

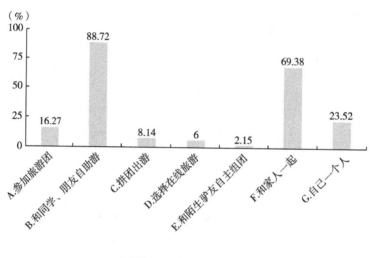

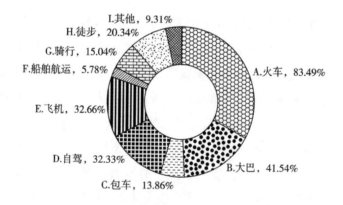

图1-3 大学生出游时间、出游方式与出游交通工具选择

点的旅游攻略；48.76%的学生表示"会粗略看看"；22.56%的学生不会购买旅游保险，认为那是在"浪费钱"；超过30%的学生不会主动了解安全常识，甚至有一部分学生认为"没有用处"；4.73%的学生不会关注旅游目的地的社会治安状况，有 8.27% 的同学在了解旅游目的地社会治安状况很差的情况下依然会前往游玩；23.09% 的受访学生在外出旅行前不会携带应急物品（常备药品、打火机、手电筒、充电宝、多用小刀等）。

在旅游过程中，13.1% 的受访学生不了解出行所乘交通工具的安全注意事项；23% 的学生不会去关注景区的《游客须知》；5.69% 的学生明确表示出游途中会选择价格便宜的小旅馆；13.64% 的学生不会关注所住宾馆的安全条件（治安、防盗、消防通道设置、防偷窥等）；1.61% 的学生认为景区发生过的安全事故与自己无关，自己不会"发生那么倒霉的事故"；在旅游过程中遇到安全问题时，5.48% 的学生会"自认倒霉，不了了之"，8.92% 的学生会自行交涉解决，4.51% 的学生会"自认倒霉，但会默默地给差评"；对景区设置的警示牌（禁止拍照、当心悬崖等），10% 的学生不会自觉遵守，更有部分学生表示会"明知山有虎，偏向虎山行""一探究竟"；在被问及"发现在旅游地购物被商家坑了如何应对"时，42.75% 的学生表示会默默接受，不会找相关部门反映；1.29% 的学生表示在外出游玩时身份证、钱包、手机等被偷时不知道该怎么办；3.97% 的学生没有想过如何保证自己的出游安全。

3. 大学生旅游安全问题原因剖析

（1）安全意识薄弱。大学生群体长期生活在家庭和学校中，很少有机会接触社会环境，交际面窄、缺乏社会经验，容易相信别人、依赖别人是大学生群体的常见问题。部分学生虚荣心较强，养成了铺张浪费的习惯，被不良商家抓住消费心理对其销售假冒产品从中牟利。一些大学生在旅游过程中因暴露自己的财物而招致偷盗、抢劫事件发生，少数女大学生在旅游途中穿着暴露、随意结交陌生异性游伴而导致偷盗、抢劫、强暴甚至谋杀事件。

（2）安全常识缺乏。大学生群体在处理社会事务和人际关系的时候更多的还是听从家长意见，导致很多在校大学生缺乏实践能力、解决问题能力薄弱，自我防护意识缺乏。加之多数学生在高考前没有开展过旅游活动，不了解旅游基本常识和经验，在面对危机和安全问题时很容易手足无措。

（3）学校安全教育缺失。目前，全国高校均普及了防火、放盗、防溺水、金融安全等制度和知识，但是很少制定专门的旅游安全知识规章制度。在寒暑假和节假日学生外出时也仅向学生强调"注意人身安全和财产安全",在预防旅游安全事故方面也无从下手,甚至部分辅导员、班主任也缺乏基本的出游常识和旅游安全技能,对大学生出游群体的旅游安全教育亟待加强。

(4)旅游动机与行为缺乏安全性。当前大学生出游动机呈现多样化特征,自助旅游、探险远足、野外宿营等旅游行为逐渐增多,这些旅游活动本身就具有危险性,需要具备丰富的野外旅游经验和生存技能才能保证自身安全。如涉足未开发的原始地带、深入青藏高原无人区、登山失足坠崖、自驾游迷失方向、参与和自身身体素质不匹配的旅游活动、缺乏警惕的旅游行为等,都会造成旅游安全问题发生。

(5)旅游目的地社会治安环境不稳定。不稳定的社会环境包括发生战争、恐怖主义活动、社会动荡、犯罪率高等,这些对当地社会经济发展影响深重,对旅游活动更是毁灭性的打击,大学生出游时应避免选择上述目的地,以免使自己陷入危险环境中。

(6)突发的自然灾害。自然灾害分为气象灾害、海洋灾害、洪水灾害、地质灾害、地震灾害、农作物生物灾害和森林生物灾害、森林火灾。常见的自然灾害包括地震、火山爆发、塌陷、崩塌、滑坡、泥石流、暴雨、洪水、海啸、沙尘暴、大气污染等。这些自然灾害一旦发生,旅游安全必然受到影响,加上大学生群体在面临自然灾害时避灾防灾经验欠缺、抵抗力差,往往受到的伤害比较严重。

大学生旅游安全事故案例链接:

1. 大学生旅游安全事故频发　近六成学生忽视自助游安全。http://www. 8264. com/viewnews - 27920 - page - 1. html

2. 海南两天发生三起溺水事故　5名学生死亡(图)。https://news. qq. com/a/20100504/000677. htm

3. 内地一女大学生赴港旅游　旅馆内遭一男子强奸。http://hm. people. com. cn/n/2013/0603/c42272 - 21711732. html

4. 女大学生景区游玩意外身亡敲响校外安全警钟(图)。http://news. cnhubei. com/xw/sh/201404/t2886781. shtml

5. 上海大学生在华山失联　遗体在半山腰被找到（图）。http：//news. cnr. cn/native/gd/20160205/t20160205_ 521347935. shtml

6. 北京林业大学9名女生前往雪乡游玩遇车祸　4死5伤。http：//news. sina. com. cn/o/2018 – 01 – 03/doc – ifyqiwuw5758403. shtml

7. 大学生岳麓山夜骑意外身亡　法院：景区管理处不承担责任。http：// travel. szonline. net/contents/20200626/20200629123. html

8. 嵩山失联的安徽大学生确认不在了　曾留言"吾去也，莫寻骸"。 http：//henan. sina. com. cn/news/s/2019 – 09 – 10/detail – iicezzrq4741440. sht-ml? bsh_ bid = 5336304990

9. 北京女大学生天门山翼装飞行发生事故失联6天，遗体已找到。 https：//www. thepaper. cn/newsDetail_ forward_ 7449259

10. 在青海失联南京女大学生　警方在无人区发现其遗骸。http：// jiangsu. sina. com. cn/news/s/2020 – 08 – 02/detail – iivhuipn6337532. shtml。

11. 女大学生云南失联，警方通报：被男友等3人合谋杀害并埋尸。 https：//society. huanqiu. com/article/3zKm3qGmoez

第二章　出游前的准备

毛泽东在《目前形势和我们的任务》中提出"不打无准备之仗，不打无把握之仗"，这句话对于大学生外出旅游同样适用。旅游是一项耗费金钱、精力、体力但是能让人愉悦身心、增长见识的活动。因此，有必要在出游前做好各方面的准备，以防安全事故的发生。

一、心理准备

1. 搜集资料了解旅游目的地

大学生出游前应对旅游目的地的自然条件、风土人情、风俗习惯、宗教禁忌、社会治安和公共卫生条件有大致了解，并根据所掌握的资料做好出游前的各种准备，以防旅途中发生意外导致行程受阻，影响旅游心情。尤其要对旅游目的地的"阴暗地带"有所了解。出境游时要掌握该国家、该地区是否存在"犯罪黑点"，是否属于社会动荡地区和犯罪案件高发地区；国内游时应提前了解旅游目的地是否存在行乞行骗、景区宰客现象，盗窃案件是否高发。先做好防范准备再确定旅游目的地，还可以根据目的地的状况预测旅游途中可能出现的突发状况，及时做好心理准备。

2. 了解自己状况评估旅游行为

当确定目的地后，大学生旅游者还必须对自己的身体状况进行评估，确定自己的身体素质和身体机能是否允许参加某种类型的旅游活动或项目，并根据自己的身体状态准备相应的药品或装备等，如有水土不服及高原反应史的同学应准备常用药品，避免到青藏高原等高海拔地区旅游；在外睡觉质量差的同学可携带一个适合自己的枕头或入睡辅助物品；身体素质较差的同学在出游前须去医院做相关体检，并向医生说明旅游行程，根据医嘱决定行程和准备。

3. 保持良好心理状态愉悦出游

"知己知彼，百战不殆"，当大学生出游群体在出游前对旅游目的地和自身状况都有大致了解后，就要暗示自己将开始一段愉快的行程。心情对一个人的思维和体验有影响重要，出游前应处理完琐碎事项后调整状态，想象本次旅游能给自己带来好运、快乐，增强对目的地的旅游兴趣，使自己保持愉快、自信、轻松的心态，这对出游过程中解决困难、参与体验都有促进作用。

二、信息准备

1. 搜集旅游目的地及旅途信息

大学生出游群体在产生旅游动机、进行旅游决策后，应尽可能详尽地列出出游行程，确定出游时间、返程时间、途经城市和景区、空间移动时间点等重要信息。一般情况下，不同旅游个体表现出不同的旅游空间行为。根据李陇堂等对旅游者的游览方式、停留时间、购物偏好等进行的分析总结，最常见的模式有以下几种：

（1）单一目的地模式。选择单一出游城市或主要景区进行游览，从学校/家出发后直达目的地，游览结束后返回出发地。

（2）链式旅游模式。选择若干城市或景区进行游览，这些城市按特定路线连成一条链状旅游路线，即从家/学校出发至城市甲、城市乙、城市丙、城市丁或景区 A、景区 B、景区 C、景区 D 顺序依次游览，由最后游览城市返回出发地。

（3）环型旅游模式。由出发地到达中转城市甲，再由城市甲出发依次游览其余城市或景区再返回城市甲，最后由城市甲返回出发地，形成环型游览模式。

（4）基营式旅游模式。由出发地至旅游目的地集散城市，以该城市为基地依次出发游览不同城市或景点，游览完成后由集散城市返回出发地。

（5）线性旅游模式。在临近开学或假期开始时，大学生会从家/学校途经某城市或景区进行旅游活动，游览结束后由该城市至学校/家所在地。

大学生出游群体在确定旅游模式后，应尽量搜集途经城市和景区的介绍、攻略，包括该地气候条件、地形地貌条件、社会经济活动和民族风俗习惯等，了解当地的社会治安情况，避开治安差、犯罪活动高发城市。

2. 将出游信息告知老师和家长

在确定出行时间和地点后，如果在校期间出游，应到院系辅导员、班主任或导师处履行请假手续，如实告知旅途信息和同行人员信息，如出发时间、抵达目的地时间、游览区间时间节点、返校/回家时间及各旅程交通工具选择。如果在家或租住地出游，出游前应将旅途信息及同行人员信息告知家长，或将出发时间及返回时间告知租住地社区及物业部门，并留下联系电话，请他们多多关照租住房屋，定时清理报纸、广告宣传单等，以防被窥探屋中无人而入室偷盗。

在旅途中，要经常给家长或老师发送位置信息，让他们随时掌握你所在城市的信息；在办理完旅游目的地宾馆或酒店入住手续后，应将宾馆、酒店名称、位置、前台电话、所住房间房号和电话告知家长或老师，如考虑到隐私问题不愿分享，也应该将上述信息告知一个比较亲密的朋友、同学。

3. 证件信息拷贝

出游前应检查自己的身份证、学生证是否准备齐全（学生证应按时注册并盖章，以证明在校生身份获得车票优惠），出境游前应检查身份证、护照、通行证等证件是否准备齐全并处在有效期内。应将自己所有的证件作扫描打印拷贝，包括身份证、飞机票、通行证、护照等，自己携带一份纸质版和电子版材料，家人或老师、同学保留一份，防止在外旅游期间发生因丢失证件而无法住宿、取票等情况，需要注意的是，复印件和原件要分开放置。

三、物质准备

1. 文件证件类

出行前应准备好证件（身份证、学生证、驾照、介绍信等）、车票（机票、船票）、地图、通信录（防止手机丢失，将常用联系人电话写到纸上）、旅游日程表、列车时刻表、旅游指南、旅游攻略等。

2. 日常用品类

（1）准备日常洗护用品。准备好常用的洗护用品，用专门的旅游套装或迷你型包装的洗发液、护发素、沐浴露、香皂、牙膏、护理液、防晒霜等，洗护用品的品牌最好与日常使用的保持一致，以免引起皮肤过敏或不适。旅途中应注意个人卫生，保持头发、肌肤清爽干净。

（2）女同学应准备适量化妆品。考虑到女同学的日常化妆及身体条件，出游行李要简便、易携，所以女大学生出游化妆品应精简、实用，尽量携带化妆品的试用装。出游期间应尽量减少化妆次数和化妆程序，注重皮肤保湿、防晒，到极度干燥或极度潮湿的地区旅游，尽量携带磨砂洗面奶，及时去除脸上的粉尘或油脂。

（3）适量生活用品。夏季出游时携带遮阳伞、太阳镜、遮阳帽，伞的选择应注重实用性和美观性结合，选择既可遮阳又可挡雨的类型，在留影时也可以作为道具点缀。携带轻便水杯，出游期间尽量喝熟水，肠胃不好的同学应多喝热水，避免直饮冰水。还可携带床单、被罩等在住宿时使用。

3. 衣物类

（1）内衣裤的选择。如出游时间较短，可选择携带一次性内裤，携带条数应大于出游天数。如果出游时间较长，应携带纯棉织品、合身的内衣裤，旅途中出汗较多，纯棉织品吸汗功能好、无刺激作用且长时间穿戴也不会引起不适。女大学生应根据自身条件携带护垫、卫生巾等物品。

（2）外衣裤的选择。外衣裤不仅代表着个人形象，还关系着大学生旅游者在旅途中的行动是否方便，甚至还与旅游者的安全紧密相关，所以外衣裤的选择很重要。出游前应关注旅游目的地和途经地天气状况，根据天气变化和旅游目的地气候条件和地形条件选择适量衣物，一般情况下，山区和高原温度比平原地区低，且气候多变，旅游时应携带比平时厚、数量多的衣物。尤其是决定在旅途中登山观日出、徒步、野外宿营时，应携带轻便、占用空间小的薄羽绒服，以防因穿衣过少造成失温。外衣裤应透气防晒，保证长时间行走不会因过热中暑或脱水。如旅途中有涉水、溯溪、滨海等活动类型或极度潮湿地区，应准备速干衣、速干裤。女大学生穿衣应尽量朴素大方，不要穿着过于暴露的衣服，既能避免不法分子的非分之想，也能避免去庄重、肃穆景区（寺庙、纪念馆等）时引起景点或景区内人员的不满。

野外旅游或探险时穿衣应考虑色彩、保暖性、透气防水和多功能性。外衣有质地耐磨、色彩艳丽、口袋较多等要求，在丛林中旅行时，衣裤色彩的识别性应强烈，便于相互关照、识别、寻找等。保暖是衣物的第一要求，冬季户外探险应遵循多层穿衣原则，选择保暖性能好的外衣，如羽绒背心，既保暖同时又方便双手活动，也可选择套头式衣着；除冬季外，一般白天的旅行可以穿普通的棉、毛制休闲装，要宽松对襟开，易穿易脱。外衣应具有透气防水性能，一些登山服装具有单向透气性能，即雨水进不去、体汗可以排除。不论是上衣还是裤子，口袋多是较好的，口袋最好用盖而不是拉链，可以防雨水，口袋多可以装随身物品（纸巾、湿巾、刀具等）。外衣还应有其他功能，如腋下排汗口、领子带雨帽、袖子可拆、裤子可收脚、衣服可以收腰等。有些衣裤是不适合野外穿的，如牛仔裤、长裙、真丝面料等。

4. 工具用品类

出游前可根据出游目的地的特征和自身需要准备背包、腰包、相机（镜头、充电器、内存卡）、手电筒（便携式）、胶带、多用刀、手表（如果是电子手表要及时更换电池)、指南针、卫生纸、针线包、钱包和零钱、记事本、碳素笔、水杯、墨镜、放大镜、遮阳帽、一次性雨衣、甩棍等。

出游时应携带以下几种药品:

抗菌药。如头孢、氟哌酸、黄连素、罗红霉素、克拉霉素,用来治疗伤口感染、肠炎、痢疾、中耳炎等。

解热镇痛感冒药。如阿咖酚散(解热止痛散)、布洛芬缓释胶囊、复方对乙酰氨基酚片、银翘解毒丸等。

晕车药。如白兔晕车药、晕车贴。

防中暑药。如人丹、风油精、藿香正气水等。

外用药。如消毒棉球、纱布、创可贴、碘伏、消毒酒精、体温计、消痛膏药、蛇药、驱蚊液等。

抗过敏药。如丹皮酚软膏、开瑞坦、息斯敏、盐酸赛庚啶片等。

5. 特殊装备类

特殊装备指在进行野外探险、户外旅游时应准备的装备,具体配置根据探险类型不同稍有差异。一般情况下,需准备望远镜、放大镜、墨镜、地形图、指南针、罗盘仪、海拔仪、手持 GPS、太空杯、睡袋、帐篷、防潮垫、户外鞋、便携手电筒、挂灯、火柴、绑腿、压缩食物等。

山地或雪山装备:防寒衣物、冰镐、冰爪、结绳、登山杖、登山绳、吊索、登山挂钩、安全带、手套、兜帽、海拔仪、GPS、指南针、便携铁锹、雨衣、高山墨镜、便携燃气罐、瓶装氧气等。

沙漠或草原装备:防晒套袖、长袖衣物、透气防晒帽、防风沙太阳镜、高帮户外鞋、防晒霜、防潮垫、便携铁锹、铲子、GPS、指南针、备用水、网纱帐篷、头巾、防身武器等。

丛林准备:长袖衣物、斗篷、防水裤、雨靴、防蚂蟥套装、盐、肥皂、蚊帐、砍刀、药品、驱虫剂等。

6. 打包顺序

在收拾行李前,先列一份行李清单,以防遗忘重要装备。尽量携带多用途装备,使行李体积和质量尽量轻便,如果是自驾游,可适当多带一些行李。

选择一个体积够大、结实、实用的背包，根据旅游长短和行李多少可选择小背包（40L以下）、中背包（40~60L）和大背包（60L以上）。当携带物品分类完成后，首先要了解打包原则再正式装入背包。

背包装填原则：①体积大、质量轻的物品放在最底下；②少用及营地才会用到的物品靠下层，常用物件靠上层；③重物靠近肩带联结处下方，即接近两肩胛骨突出的附近，背起来会舒适一些；④侧袋左右放置物品或水壶时，重量要平，重平衡，防止歪斜；⑤减少外挂，所有装备尽量放入背包内，如果有装备挂于背包外，在丛林地形穿越易造成钩挂；⑥食物分袋插空隙，食物分小袋打包填补大型物品之间的空隙，充分利用背包空间；⑦背包要防水，应选择防水背包，背包外部加防雨罩，内置物品用塑料袋套住。

打包步骤及注意事项：户外背包从上往下分为顶盖包（用于装带雨具、地图、小食品等）；两侧包（用于装常用物品，如水杯、手电筒、洗漱用品、指南针、急用药品、卫生纸、压缩食品、太阳镜、手套等）；大包（主包，用于装睡袋、衣服、餐具等）。

打包时首先将睡袋、防潮垫等体积较大且行程最后用到的装备放在背包的最下部，帐篷杆则应用绑带收纳好后，竖着侧放于背包内部。在睡袋上放置最重的装备，如炊具、油炉、气罐、食品等，与背部接触的部分保持可紧贴平面，避免背部被物品棱角硌伤。将衣服、鞋子等物品放入背包剩余空间，背包两侧的侧袋放置水壶水杯、雨伞、药品等，登山杖、冰爪等可考虑放置在背包的外挂上；地图、GPS、零食等常用的物件，可以放置在背包顶部的专用分隔中，也可以放置在腰包口袋中。睡袋、羽绒服等体积大但压缩性强的装备可装入有拉绳系口的专用袋并尽可能地排出空气，睡垫等无压缩性但易散开的装备，可以用绑带系住固定避免散开。单反相机装挂在胸前，也可装在摄影包内放在主包里。

多层穿着概念和户外四层着装原则

户外四层着装原则：在进行户外活动时，我们身上穿的衣服要能够保护自己不受天气变化的影响，因此应重视衣服的功能性，而不是过于关注衣服的样式和颜色；在选购之前应该先想好个人需求程度、使用范围，以及使用者的耐寒程度，以最经济的价格选择适合的服装。为了应付大自然的多变天气以及排出因户外活动所产生的大量汗水，户外活动者提出"四层衣服"的着装概念。

基础层：直接接触皮肤的基础层，需要保持干爽并高效抑菌。如银离子材质、莫代尔纤维制品、羊毛制品等可以作为基础层穿着，也可以单独外穿，非常适合夏季户外活动，并能持久有效地抑制细菌。

内衣层：内衣层的主要用途是保持维护皮肤表层的干爽，不闷热，因此主要功能就是衣服的排汗性。内衣应能够迅速将湿气及汗水排到内层衣服的表面，使得汗水不会直接在基础层或皮肤表面蒸发，造成皮肤表面温度因水汽蒸发吸收热量而降低。另外通风性要良好才不会闷热，可以根据使用者的需求选择不同领口的设计，目前设计有拉链式、V领、圆领三种。

保暖层：即中间层，当汗水和湿气由基础层和内衣层来到保暖层后，保暖层需要防止体内有效热量的流失，防止冷空气的入侵，同时也需要利用空气对流，帮助汗水和湿气的蒸发。中间层服装应能形成聚集在衣服内的空气层，以达到隔绝外界冷空气与保持体温的效果。聚积的空气层越厚，保暖的效果也越好，因此穿几件轻而宽松的衣服会比单一件厚重的衣服保暖效果更好，因为前者的穿法所蓄积的空气保温层较厚。以材质而言，可以分为自然材质和人造材质两种。自然材质以羽绒最为大家所熟悉。由于羽毛具有许多微孔，膨胀起来能捕捉到极多的空气，所以能够有极佳的保暖效果，但是它的最大缺点就是不能碰水，一旦羽毛湿掉就不具任何保暖效果，而且穿起来有点像企鹅，对比较注重外观的使用者来说，可能不太适合。基于这些特点，羽绒服不适合在户外的运动过程（尤其是负重行进）中做保暖层，而适合在静止或宿营后的一般走动时穿用。人造材质中目前最为流行的是抓绒制品，保暖性佳、触感轻柔、微湿的情况下仍具有保温效果、快干，非常适合户外运动时做中间的保温层。

阻绝防护层：即最外层，外层服饰最重要的是防水、防风、保暖与透气的功能，除了能够将外界恶劣天气对身体的影响降到最低之外，还要能够将身体产生的水汽排出体外，避免让水蒸气凝聚于中间层，使得隔热效果降低而无法抵抗外在环境的低温或冷风。目前最好的外层服饰莫过于同时具有防水与透气功能的衣服，一般市面上的防水透气衣服，在"干燥静态"的环境下测试，结果都大同小异相差无几，但是很少人会注意到在"潮湿动态"的环境下，也就是在实际的户外活动环境下，各种防水透气材质的防水透气功能的差异是很大的。因此在选购具有防水透气功能的衣服时，应考量到使用者的实际使用需求，选择适合自己的衣服。

在零下40摄氏度以下的推荐配置是：一层排汗内衣、一层格绒内衣、一层抓绒内胆、一层软壳，最外面是防风防水的棉服或羽绒服。下身是一层排汗裤、一层格绒裤、一层厚软壳裤，最外侧是防风防水的冲锋衣或羽绒裤。其中内衣最重要的需求是排汗，软壳和最外层则需要防风、防水。在寒冷地区，鞋、帽子很关键，防水的棉鞋则是必备品，哪怕一顶能护住耳朵的线帽都会让你感觉暖和很多。有手套最佳，没有就只能把手放兜里。在高寒情况下，呼出的热气会成霜，挂在眉毛、发梢上，因此不推荐戴能遮盖住口鼻的帽子。

资料来源：多层穿着概念和户外四层着装原则 – 风雪户外，http：//fxoutdoor. lofter. com/post/1b0db8_ 16da8bc。

第三章　旅行社选择与安全防护

一、旅行社概念与分类

旅行社（Travel Agency）是旅游活动的支柱和主要参与者之一，在旅游业中处于重要位置。虽然旅行社的规模比 A 级景区和星级酒店小，但是对旅游发展作用重大，是联系旅游者和景区、酒店等企业的桥梁。

1. 概念

根据我国颁布的《旅行社条例》（2009 年 2 月 20 日中华人民共和国国务院令第 550 号公布，根据 2016 年 2 月 6 日《国务院关于修改部分行政法规的决定》第一次修订，根据 2017 年 3 月 1 日《国务院关于修改和废止部分行政法规的决定》第二次修订）中的规定，旅行社是指"从事招徕、组织、接待旅游者等活动，为旅游者提供相关旅游服务，开展国内旅游业务、入境旅游业务或者出境旅游业务的企业法人"。截至 2019 年底，全国共有旅行社 38943 个，全年入境旅游接待 1829.62 万人次，国内旅游接待 18472.66 万人次，出境旅游组织 6288.06 万人次。规模较大、知名度较高的旅行社有中国旅行社总社有限公司（简称中旅总社）、中国国际旅行社总社有限公司（简称国旅总社）、中青旅控股股份有限公司（简称中青旅）、中国康辉旅游集团有限公司

（简称康辉旅游）、广州广之旅国际旅行社股份有限公司（简称广之旅）、凯撒同盛发展股份有限公司（简称凯撒旅游）、锦江国际（集团）有限公司（简称锦江旅游）、上海春秋国际旅行社（集团）有限公司（简称春秋国旅）、众信旅游集团股份有限公司（简称众信旅游）、厦门建发国际旅行社集团有限公司（简称建发国旅）、中信旅游总公司（简称中信旅行社）。

2. 分类

根据旅行社业务范围，我国《旅行社管理条例实施细则》将旅行社分为国际旅行社和国内旅行社。根据实施细则，国际旅行社可以经营的业务有：招徕外国旅游者来中国旅游，以及华侨与香港、澳门、台湾同胞归国及回内地旅游，为其代理交通、游览、住宿、饮食、购物、娱乐事务及提供导游、行李等相关服务，并接受旅游者委托，为旅游者代办入境手续；招徕我国旅游者在国内旅游，为其代理交通、游览、住宿、饮食、购物、娱乐事务及提供导游、行李等相关服务；经国家旅游局批准，组织中华人民共和国境内居民到外国和港、澳、台地区旅游，为其安排领队、委托接待及行李等相关服务，并接受旅游者委托，为旅游者代办出境及签证手续；经国家旅游局批准，组织中华人民共和国境内居民到规定的与我国接壤国家的边境地区旅游，为其安排领队、委托接待及行李等相关服务，并接受旅游者委托，为旅游者代办出境及签证手续；其他经国家旅游局规定的旅游业务。细则还规定，未经国家旅游局（现为文化和旅游部）批准，任何旅行社不得经营中华人民共和国境内居民出国旅游业务、港澳台旅游业务和边境旅游业务。国内旅行社可以经营的业务有：招徕我国旅游者在国内旅游，为其代理交通、游览、住宿、饮食、购物、娱乐事务及提供导游等相关服务；为我国旅游者代购、代订国内交通客票、提供行李服务；其他经国家旅游局规定的与国内旅游有关的业务。

国外一些国家根据旅行社业务范围和特点将其分为旅游批发商、旅游经营商和旅游代理商。旅游批发商是旅行社中规模最大、实力最雄厚的企业，主要设计、组织、开发旅游产品，将景区、酒店、交通和其他旅游设施进行组合，设计不同的旅游路线再以包价的形式销售给旅游经销商，这类旅行社不直接向旅行者售卖旅游产品。旅游经销商处在批发商和代理商中间，通过代理商或自己的零售网点向旅游者销售旅游产品。旅游代理商是旅行社的最基础单位和典型代表，这类企业不仅代理批发商和销售商的旅游产品售卖给旅游者，还代理星级酒店、旅游交通企业的订票、订房业务，并从中收取手续费。

二、旅游团出游安全防护

旅游团出游即跟团游，指的是大学生出游群体通过购买旅行社旅游产品，参加旅行社组织的由固定旅游线路、游览景点、住宿地组成的旅游活动的旅游方式。跟团游一般程序为：选择旅游目的地—选择旅行社—预订旅游产品—签订旅游合同—确定出发的集合时间、地点、导游联系方式等—随团出游—返回出发地。

大学生出游群体在出行前应首先确定本次旅游的出行方式，如果是出境游或第一次旅游，对目的地的人文地理环境、旅途中住宿、旅游线路等不熟悉，建议选择旅行社进行跟团游。旅行社售卖的旅游产品都是成熟的、经过多个团队出行验证的产品，导游和领队对线路和目的地熟悉，了解途中可能发生的意外情况。其次要选择有信誉的旅行社〔可通过全国旅游监管服务平台（http：//jianguan. 12301. cn/#）对旅行社进行查询〕，旅游体验和旅行社品质有很强的相关性，通过网络或线下门店走访旅行社来询问价格、线路，比较旅游行程表，尤其是主要费用、具体景点、住宿条件、是否有购物环节等信息，不要贪图便宜选择低团费或零团费旅游团。一般情况下旅途是按行程表进行的，如果有漏掉的景点或降低了住宿标准应及时向导游提出来，随时维护自己的权益。旅途中要紧跟导游，严格遵守旅途中导游在各景点规定的集合时间，在游览景点时要注意安全，要遵守导游和景区强调的注意事项，以免发生意外。

在购买旅游产品时，大学生应签署旅游合同，旅游合同由文化和旅游部统一印制，也可通过全国旅游监管服务平台使用电子合同，或由第三方电子签约平台对接的旅游电子合同。加强旅游市场监管，根据政策规定，在全国旅游监管服务平台备案的第三方电子合同具有法律效力，第三方电子签约平台接入全国旅游监管服务平台须承诺具备以下条件：拥有自主知识产权要求的电子合同软件；提供的服务符合国家法律关于信息安全等级保护制度的要求；电子合同使用 CA 认证，并且 CA 认证厂商须取得工业和信息化部电子认证服务行政许可。依据《中华人民共和国合同法》，当事人订立合同，有书面形式、口头形式和其他形式。其中书面形式指合同书、信件和数据电文（包括电报、电传、传真、电子数据交换和电子邮件）等可以有形地表现所载内容的形式。在线签订的合同属于数据电文的一种，和纸质合同具有同样的法律效力。

不同旅游产品有不同的出发时间、地点，应保持电话畅通，以免错过旅行社工作人员的通知，一般情况下会在出发前一天以电话或短信的方式通知本人集合时间、地点、导游（或送团人）联系方式等信息。如果在出发前一天晚上仍没有接到通知，应直接致电旅行社专属客服。

如果因特殊原因取消旅游产品预订，应根据旅游合同相关条款解决。在未签订旅游合同前取消预订的，双方互不承担违约责任。签订旅游合同后取消预订的，应根据合同在出发前几日提出解除合同。

第四章　自由出行安全防护

一、自由出行方式

（一）自由行出游

自由行是一种新兴的旅游方式，由旅行社安排住宿与交通（或只有其中一种），但是全程没有导游随行，游客的饮食也自行安排。与跟团游中自由和自主性受到很大的限制不同，自由行更自由、方便，时间安排可以随意调整，行程上的游览也可以根据情况自己改变。

自由行产品是以度假和休闲为主要目的的一种自助旅游形式，其以机票＋酒店＋签证、酒店＋度假＋娱乐为核心，精心为游客打造一系列套餐产品。自由行为游客提供了很大的自由性，旅游者可根据时间、兴趣和经济情况自由选择希望游览的景点、入住的酒店以及出行的日期，在价格上一般要高于旅行社的散客组团出游产品，但要比完全自己出行的散客的价格优惠许多。如某旅行社推出的价值2980元的"'大美蜈支洲'三亚双飞5日游"自由行产品中，旅游景点包含蜈支洲岛、亚特兰蒂斯、南山文化旅游区、天涯海角、水稻公园、呀诺达雨林文化旅游区，费用包含出发地至三亚往返机票（经济舱）及机建税、酒店住宿费用、全程 4 早 3 正餐费用、行程所列景点首道大门票（不含园中园小门票、娱乐项目以及索道电瓶车等费用）、当地持证中文导游服务费用（大交通和城市间交通工具上无导游服务）、旅游人身意外险费用；但是不包括旅游期间一切私人性质的自由自主消费，如洗衣、通信、娱乐或自由自主购物等。价值460元的"海南三亚 3 天 2 晚自由行套餐"共有五类套餐供游客选择，可根据自己旅游兴趣和住宿习惯自由搭配酒店、餐饮、娱乐、旅游服务等，但费用不包括出发地至三亚的大交通费用，住宿单间差也由游客自理（单间差是指旅游者要求独宿一间客房，或因无其他旅游者与之拼住所产生的费用，酒店可能为此类旅游者提供大床或双床房间）。上述两个旅游产品均没有购物环节，游客可根据自身经济情况和旅游时间自由选择。由此可见，自由行由于没有或很少有购物和自费项目，游客的钱在自由行中可以花在住宿、交通、门票等"刀刃"上，可以自由去最值得看的景点，所有时间都是自由活动时间。

（二）OTA 出行

OTA 指在线旅行社（Online Travel Agency），指旅游消费者通过网络向旅游服务提供商预订旅游产品或服务，并通过线上或线下形式完成付费。随着年轻旅游群体收入的提升和网络信息技术的发展，旅游市场对于线上 OTA 的需求持续增加。2019 年上半年我国在线旅游交易额超过 7000 亿元，占线上旅游消费额的近 70%。在 BAT 的支持下，中国在线旅游市场呈现出携程一家独大，飞猪、同程、艺龙及美团旅行、驴妈妈等多强并立的竞争格局。创立于 1999 年的携程旅行网目前在北京、广州、深圳、成都、杭州、南京、厦门、重庆等95 个境内城市，新加坡、首尔等 22 个境外城市设立分支机构，在中国南通、苏格兰爱丁堡设有服务联络中心。2015 年，携程投资艺龙旅行网，与百度达成股权置换交易，完成对去哪儿网的控股，被评为中国最大旅游集团，并跻身中国互联网企业十强，目前是全球市值第二的在线旅行服务公司。携程可提供集无线应用、酒店预订、机票预订、旅游度假、商旅管理及旅游资讯在内的全方位旅行服务，该企业在全球 200 个国家和地区与近 80 万家酒店建立合作关系，机票预订网络已覆盖国际国内绝大多数航线，并且建立了一整套现代化服务系统，包括海外酒店预订新平台、国际机票预订平台、客户管理系统、房量管理系统、呼叫排队系统、订单处理系统、E-Booking 机票预订系统、服务质量监控系统等。同时，该网站还提供了 App 下载和旅游服务，大学生出游群体可随时随地进行票务订购、攻略查询。

在线上订购机票、门票时应仔细甄别商家的各项条款，防止不法分子利用学生社会经验不足、出游次数少的空子行骗。具体说来有以下几种情况：①机票退改签时费用加价收取。在机票退改签等费用方面加价牟取暴利是不法代理商常用招数。如某同学在网上购买机票后提前数天退票，但网购代理商要收取高额退票费（可能达到票面价格 80% 以上），但是相关航空公司收取的退票费远低于代理商价格。这种情况主要是代理商加价收取了退改签费用，普通学生消费者因为缺乏机票专业知识而未发现代理商的骗局。大学生消费者应挑选正规的票务代理商或登录航空公司官网预订机票。②模仿知名网站编制低价骗局。在互联网上搜索"打折机票"会出现大量低价机票购买信息，其中大部分是正规的 OTA 网站出售的打折机票，但也存在提供超低价机票的小网站，甚至有些网站通过模仿知名旅行网站域名进行销售行骗，通过客服诱导大学生出游群体进行转账购买机票，当然钱款是转到不法分子的个人账户，一般情况下正规 OTA 机票或门票订购不会要求客户用银行卡直接汇款的方式（一般为账户余额、微信、支付宝支付或网银支付），如遇类似要求要务必提高警惕，核实网站的真实性、合法性，验证客服电话是否属实，留意其是否具有中国民航运输协会的认证资质和工业和信息化部的运营备案，如为骗子网站直接报警处理。③低价机票加价售卖赚取差价。有消费者购买机票时发现要支付的机票价格要高于实际机票价格，这种情况主要是黑心代理商将特价机票抬高价格出售赚取差价。黑代理在抢购特价票后不会马上支付，由于航空官网购票有一定的支付时间限制，所以会不停地催促旅客付款，当旅客将高价票款转入黑代理账上后才会支付特价票，从中赚取差价。④用 400 开头的客服电话要求转款。一些黑代理或行骗网站会用 400 开头的电话（利用软件修改来电显示号码）与消费者进行沟通并要求消费者汇款或转账，但消费者会发现扣款后拿不到机票。因此，应谨记凡是在电话里向当事人索取银行卡号和支付密码均属诈骗行为。⑤订票后通过订单取消赚取退票成本。某些黑代理会先通过正常方式给旅客订购机票，当收到款项后立即取消之前订购的机票，虽然会产生退票费但是骗子会将剩余欠款提走。当旅客登机时发现猫腻打电话给代理时才知道被骗。因此，大学生出游群体在预订机票、车船票和门票时务必谨慎核实票务代理商是否具有相应资质。

（三）与同学出游

与同学一起出游是目前大学生经常采用的出游形式，与同班同学、舍友在寒暑假、小长假一起去周边城市旅游，甚至到同学家乡旅游。与同学一起出游前，应将行程信息告知家长、辅导员和未出行同学，并每天定时与家长或未出行同学通话、聊天，告知对方自己所处城市和具体位置、第二天的行程安排等信息，以便家长能随时了解所处环境，如有突发情况能及时赶往处理。

与同学组团出游时应互相照顾、团结协作，遇到陌生人搭讪、问路、讨要零钱时应一起面对解决，一般情况下骗子会盯住落单的学生游客下手行骗。在乘坐长途交通工具时，应有一人保持清醒以照看其余人的行李和贵重物品，必要时轮流休息避免被不法分子乘机偷盗财物。在野外探险时，应安排两名身体强壮、经验丰富的男同学行走于队伍头尾，如同行中全部为女生应保持所有人均在视线范围内，攀登险峻山峰、行走在流动沙漠、探索丛林道路等探险旅游活动中，最好手挽手或用雨伞、登山杖、外套等两两相联，以防不测。

如果有人比较反常地很热情地邀请你去他所在城市旅游时，应该注意甄别邀请的真伪。曾经有学生收到了多年未曾联系的同学发出的旅游邀请，没有及时确认安全性只身前往目的地，结果被同学骗入传销组织而被困。近些年出现的新型"旅游传销"骗局就是通过加手机微信好友的形式发展下线，拉同学入会交费，并以"边旅游边赚钱""旅游直销""只需交少量会员费便可免费高端游""旅游创业"的口号吸引大学生群体入会。

谨防旅游传销

2015 年，在微信朋友圈中有不少人转发信息："全球有 193 个国家与《梦幻之旅俱乐部》合作，你去过几个国家？世界上有100个顶级的旅游胜地，你想去哪里？你可能回答：没有钱，没有时间，如果《梦幻之旅》可以给你一个只需投入360.97美金就有机会走遍全球193个国家，玩遍世界顶级的100个旅游胜地，并且可以赚到一大笔财富的机会，你感觉如何呢？"一些自称是WV合伙人的人通过微信向朋友发送"旅游视频""旅游宣传图片""网站""会议营销"等信息，让人产生一种错觉，加入"WV梦幻之旅"也许是一条快速发财致富的路。但这是真的吗？

2015年3月10日，江西省旅游质量监督管理所发布警示称：最近全国旅游质监系统通过监控发现，有个名为"WV梦幻之旅"的涉嫌传销组织在全国各大城市渗透。该组织以美国公司为背景，并未取得我国旅游经营许可，也没有向任何部门申请直销牌照，通过入会费、拉人头、层层分红等金字塔营销模式发展会员，不仅严重扰乱旅游市场正常的经营秩序，而且涉嫌网络传销诈骗，给社会稳定带来不利影响，旅游消费者切勿陷入传销陷阱。

资料来源：WV梦幻之旅多人被抓　律师：完全符合传销特征，http：//js. people. com. cn/n/2015/1014/c360303 – 26784568. html。

（四）独自出游

大学生本人如果因性格、人际交往、目的地选择等原因要独自出游，应做好安全隐患评估再决定是否出行。一般情况下，可以到周边城市、知名景区等人流量大的区域进行旅游活动，不建议独自前往未开发景区、偏远山区或独自去与"网友""聊友"见面。避免在情绪低落时独自出游，确实需要出游来调整心态、缓解情绪的，应邀请至亲好友一同前往，从南京前往青海格尔木旅游失联身亡的女大学生黄某就是因毕业问题疑似心情压抑出游的。如独自出游，在出游前应将行程信息提前告知家人、老师，并每天与家人共享位置，或在利用地图软件开启位置共享或加入"家人地图"，本人和家人共处一个家人地图时，开启给家人共享"我的位置"，就可以将位置信息共享给家人。途中尽量乘坐公共交通，如确需租车时，要提前询问司机的个人信息以及记住车牌号，并把这些信息拍下来发给家人。

二、自由出行交通工具选择

（一）火车出游

火车是目前大学生出游群体最常使用的交通工具，《中国国家铁路集团有限公司 2019 年统计公报》显示：2019 年，国家铁路旅客发送量完成 35.79 亿人，比 2018 年增加 2.61 亿人，增长了 7.9%；完成旅客周转量 14529.55 亿人公里，比 2018 年增加 465.56 亿人公里，增长了 3.3%（数据来源于国家铁路集团有限公司官网）。客运铁路运输分为普速列车、快速列车和高速列车，普速列车即普通速度列车，就是平时我们口中所说的"慢车"，通常行驶速度只有 120 千米/小时，设计速度不超过 160 千米/小时，通常车次只有数字：1 开头的四位数车次列车是跨三个或以上铁路局的直通普通快速旅客列车，一般经停主要车站，这类列车运营距离长，经停车站较多，速度比较慢，乘车旅客较多，因此短途出游的旅客不建议乘坐此类列车；2 开头的四位数车次列车是跨两个铁路局的直通普通快速旅客列车，与 1 开头的四位数经停车站类似，运营距离中等，经停车站较多，速度不会太快；4 和 5 开头的四位数车次列车是管内普通快速列车，列车会同时照顾主要车站和小型车站，运营里程不长，属于短途列车；6/7/8/9 开头的四位数车次列车是普通旅客列车，一般经停所有能停的车站，运营里程短。快速列车有直达特别快速旅客列车（简称直特，字母 Z 开头）、特别快速旅客列车（简称特快，字母 T 开头）、快速旅客列车（简称快速，字母 K 开头）、临时旅客列车（简称临客，字母 L 开头）：直特列车在行程中一站不停或者经停几个大站，所有列车都是跨局运行；特快列车一般只经停省会城市或当地的大型城市；快速列车一般只经停地级行政中心或重要的县级行政中心；临客列车只在需要的时候（如春运、国庆假期）才运营。高速列车有动车组列车、高速动车组列车和城际动车组列车，动车组列车

（简称动车，字母 D 开头）至少有两个动力车，时速可达 200～300 千米/小时，中国品牌的动车组标志符号是 CRH；高速动车组列车（简称高铁，字母 G 开头）指新建设计开行 250 千米/小时（含预留）及以上动车组列车，初期运营速度不小于 200 千米/小时的客运专线铁路。2015 年 2 月 1 日起实施的《高速铁路设计规范》规定高铁为客专，只能运行动车组列车，禁止传统列车上高铁。城际动车组列车（简称城际，字母 C 开头）是运行在距离较近的两个或几个城市间的动车组列车，时速约 160 千米/小时，如京津城际列车、穗深城际列车、兰州—中川国际机场城际列车等。

截至 2020 年 7 月底，全国铁路营业里程达到 14.14 万千米，其中高铁 3.6 万千米。越来越多的大学生出游群体选择在 12306 网站及 App 上购买车票，在购票界面输入出发站、到达站和出发日期可查询两站间运行的列车，可根据自己的时间安排和经济情况选择列车类型和车次。国铁集团根据市场需求推出了一系列铁路旅游产品（https：//travel.12306.cn/portal/），如"环西部火车游"高品质旅游版专线列车、"齐鲁快车"游港澳、长寿之旅 C 线、海南专列 13 日游、"夕阳红"厦门—台湾环岛旅游专列、"龙腾中华"深港澳台青少年文化交流研学旅行等，大学生可根据旅游兴趣选择订购。

（二）大巴出游

乘坐大巴车是短途旅游和团队旅游的主要交通方式，大巴车具有车型多样、线路丰富、运转灵活等优点，一般情况下，200 千米内的旅途或出发到达城市没有铁路的建议乘坐大巴车出行。车票可通过携程旅游等网站订购，但是小城市或城镇的车票一般在网站上无法搜索，需电话询问或到当地汽车站购票大厅购买。

目前很多旅游城市开通了城区至景区的旅游专线，如银川到石嘴山沙湖生态旅游景区乘车路线即从银川北门旅游汽车站乘坐沙湖旅游专线，发车时间为 4 月 20 日至 10 月 20 日早 8 点至 10 点 30 分，每半小时一发，单程车费 15 元，行程约 1 小时，返程时间 13 点至 18 点，极大地方便了重要客源地与景区间的交通运输。旅行社、OTA 企业也开通了城市—城市或城市—景区的旅游专线，如携程网旅游专线有乌镇—上海、西塘—上海、泸沽湖—丽江古城、普陀山—上海、华山—西安、广州—深圳等专线，具有一站式直达景区、班次灵活、透明超值、服务完善等优点。

在乘坐大巴车旅行前，有晕车习惯的同学需提前半小时吃晕车药，并准备好塑料袋以防路程颠簸导致呕吐；路途中系好安全带，保管好随身物品；到达景区后应先询问返程大巴车的发车时间及乘车地点，以免错过乘坐。

（三）包车出游

包车旅游是旅游交通企业提供的多车型、定制化服务出游方式，可根据旅游者行程安排、交通习惯和经济条件选择用车城市、时间和天数，从经济、舒适、商务、豪华等多种类型中挑选中意车型，行程安排和参观景点是灵活的，可定制单程、往返或联程；使用车型也是灵活的，可根据自身需求，告知用车顾问，由顾问挑选适合自己行程的推荐车型，一般情况车型有 5 座轿车和越野 SUV、7～9 座商务车型、15～55 座中巴和大巴车型，车辆应有全保险，手续齐全（必须要含座位险和旅游意外险）。

选择好包车旅游后，需要注意几点：一是要看司机。一般从事旅游包车的驾驶员都必须经过营运性驾驶员资格培训并考试合格才具有营运资格。没有通过该培训的，一般属非法营运，在上车前要检查一下司机是否有营运性驾驶员资格证，同时出发前与司机多聊几句，如果感觉无法与司机相处，建议马上更换司机，以免在途中出现争吵，影响旅游质量。二是看手续是否正规。在旅游包车时，必须事前和司机谈好所有要去的地方、线路和价格，而且最好是书面的，只有正规的手续才能为旅游带来保证（尽量不要搭乘私人的包车旅游，没有运营资质和保险）。三是与司机作伙伴。在途中把司机当成伙伴不仅能为旅途带来更多乐趣，也能通过司机丰富的经验，为你在旅途中的各种诱惑提供参考意见，以免上当。在旅途中，无论发生任何事都不要与驾驶员争吵，一是争吵会影响驾驶员心情，容易造成事故；二是防止被司机中途丢下，耽误自己的行程。如果发生矛盾，最好在车辆进入市区后再进行处理，以保证自己的安全。

（四）自驾出游

2006 年首届中国自驾游高峰论坛对自驾游的定义是："自驾游是有组织、有计划，以自驾车为主要交通手段的旅游形式。"自驾游的兴起，符合年轻一代的心理，他们不愿意受拘束，追求人格的独立和心性的自由，而自驾游正好填补了这种需求。自驾游的形式有观光、休闲活动、户外体育赛事等。自驾出游是当前流行的出行方式，很多大学生在高考结束后会选择考取驾照，家庭经济条件好的会给学生本人提供一辆私家车，在小长假和寒暑假时会选择自驾出游。自驾出游可根据自己的时间安排和期望景点任意选择路线，根据大学生的特点，在旅游时间的安排上可选择寒暑假和小长假，旅游地点可以选择学校和家乡周边城市的休闲度假旅游区、风景名胜区或公路通达条件较好的地区。

（五）飞机出游

飞机出游是指乘坐有动力驱动、有固定机翼而且重于空气的航空器出行的方式，区别于乘坐热气球、飞艇滑翔机、直升机或旋翼机等出行方式。《2019年民航行业发展统计公报》显示：2019 年，民航行业完成旅客运输量65993.42 万人次，比 2018 年增长 7.9%。国内航线完成旅客运输量 58567.99万人次，比 2018 年增长 6.9%，其中港澳台航线完成 1107.56 万人次，比2018 年下降 1.7%；国际航线完成旅客运输量 7425.43 万人次，比 2018 年增长 16.6%。全行业完成旅客周转量 11705.30 亿人千米，比 2018 年增长9.3%。国内航线完成旅客周转量 8520.22 亿人千米（即 6.5993 亿人次运输量平均每人次完成旅行 1291.07 千米），比 2018 年增长 8.0%，其中港澳台航线完成 160.46 亿人千米，比 2018 年下降 2.8%；国际航线完成旅客周转量3185.08 亿人千米，比 2018 年增长 12.8%。2019 年，我国境内运输机场（不含香港、澳门和台湾地区）共有 238 个，其中定期航班通航机场 237 个，定期航班通航城市 234 个。有运输航空公司 62 家，运输飞机在册架数 3818 架。全年完成飞机起降 1166.0 万架次，年旅客吞吐量 1000 万人次以上的机场达到 39

个。上述数据表明，随着经济的快速发展和国民收入的提高，乘坐飞机去旅行对众多百姓来说已经不是一个奢望，对于大学生出游群体来说，乘坐飞机往返于家校两地或出游已经成为常态。

在订购机票出行时，应从正规渠道购置，最好登录正规 OTA 网站或航空公司官网（见表 4 - 1），出行前 48 小时可在官网或航旅纵横网站（或 App）进行值机选座。"航旅纵横"是中国民航信息网络股份有限公司 2012 年推出的第一款基于出行的移动服务产品，能够为旅客提供从出行准备到抵达目的地全流程的完整信息服务，通过手机解决民航出行的一切问题。该网站数据权威，信息及时，功能完整，覆盖全面，全年飞行记录能自动导入，可及时了解航班晚点原因、实时了解前序航班飞行情况、准确显示机票余票信息。

表 4 - 1　中国民用航空公司官网及客服电话

序号	航空公司	公司官网	客服电话
1	中国国际航空	http：//www. airchina. com. cn/cn/index. shtml	95583
2	中国南方航空	http：//www. csair. com/cn/	95539
3	中国东方航空	http：//www. ceair. com	95530
4	中国联合航空	http：//www. flycua. com/	4001026666
5	深圳航空	http：//www. shenzhenair. com/	95361
6	祥鹏航空	https：//www. luckyair. net/	95326
7	西部航空	http：//www. westair. cn/portal/	95373
8	春秋航空	https：//www. ch. com/	95524
9	海南航空	http：//www. hnair. com	95339
10	吉祥航空	http：//www. juneyaoair. com/	95520
11	天津航空	http：//www. tianjin - air. com/	95350
12	乌鲁木齐航空	http：//www. urumqi - air. com/	95334
13	北部湾航空	https：//www. gxairlines. com/	95370
14	东海航空	http：//www. donghaiair. cn/	4000888666
15	九元航空	http：//www. 9air. com/	4001051999
16	昆明航空	https：//www. airkunming. com/	0871 - 96598
17	青岛航空	http：//www. qdairlines. com/	0532 - 96630

续表

序号	航空公司	公司官网	客服电话
18	厦门航空	http：//www. xiamenair. com. cn	95557
19	山东航空	http：//www. sda. cn/	95369
20	首都航空	http：//www. jdair. net/	95375
21	四川航空	http：//www. sichuanair. com/	95378
22	重庆航空	http：//www. chongqingairlines. cn/	95539
23	新华航空	http：//www. chinaxinhuaair. com/	950718
24	长安航空	http：//www. airchangan. com/portal	95071199
25	金鹏航空	http：//www. yzr. com. cn/	950719
26	奥凯航空	https：//www. okair. net	95307
27	成都航空	https：//www. cdal. com. cn/	956028/028 - 66668888
28	华夏航空	http：//www. chinaexpressair. com/	4006006633
29	河北航空	http：//www. hbhk. com. cn/	0311 - 96699
30	幸福航空	http：//www. joy - air. com/	4008680000
31	西藏航空	http：//www. tibetairlines. com. cn/	956096
32	长龙航空	http：//www. loongair. cn/B2C/home. html	0571 - 89999999
33	瑞丽航空	http：//www. rlair. net	400 - 005 - 9999
34	福州航空	http：//www. fuzhou - air. cn/	95071666
35	江西航空	http：//www. airjiangxi. com/jiangxiair/v2/index. action	0791 - 96300
36	多彩贵州航空	http：//www. cgzair. com/	0851 - 9610077
37	云南红土航空	www. redair. cn	400 - 8337777
38	桂林航空	https：//www. airguilin. com/	9507101
39	龙江航空	https：//www. longjianghk. com/	0451 - 81181111

资料来源：笔者整理。

飞行当天应提前两小时到达机场值机安检，如果所在地与机场之间有地铁或城际列车，应首选该方式，避免在至机场路上堵车而耽误行程；如果在早晚高峰期间值机，应预估高峰期拥堵时间，提前乘车前往机场。

（六）船舶航运出游

船舶航运出游指依托水上交通工具外出旅游的方式，本书中主要指客运水上航运，分为内河航运、沿海航运、远洋航运。航运（客运）是一项古老而新颖的交通方式，古老是指发展历史悠久，自古以来人类有逐水草而居的习惯，河流被认为是大自然的馈赠，河水（湖）既能解决生活用水问题，又能灌溉农田、养育丰美水草植被，自人类发明船以来，还能"千里江陵一日还"。船舶作为交通工具时，主要承担城市—城市、城市—海岛或城市内部等之间的交通往来，如大连与烟台、涠洲岛与北海、厦门与鼓浪屿、香港与澳门之间的来往航线，以涠洲岛至北海航线为例，每天往返于两地间的航船约22班次，有大型高速客船、豪华客船、大型观光客船等船型，航行时间约1～1.6小时。当船舶载客航行以观光、休闲、度假功能为主时，就产生了在内河、海洋上航行的轮船——邮轮，邮轮原指海洋上的定线、定期航行的大型客运轮船。随着航空业的快速发展，跨洋邮轮因速度慢、旅途时间长而逐渐转变为了具有旅游性质、流动的酒店式轮船。邮轮产业已成为全球旅游与接待业中发展最迅猛、经济效益最显著的行业之一，被称为漂浮在"黄金水道上的黄金产业"。歌诗达（Costa）邮轮、皇家加勒比（Royal Caribbean）邮轮、公主（Princess）邮轮、地中海（MSC）邮轮、世纪邮轮、星途邮轮均是知名邮轮企业。邮轮航道遍布世界，如在某旅游网站上搜索"邮轮"可呈现出三峡河轮、欧洲河轮、亚洲河轮、美洲河轮、加勒比海、地中海、北欧、英国列岛、夏威夷、阿拉斯加、非洲、极地、塔希提等全球多个地区的多条航线。以星途·艺术号河轮的欧洲河轮航线为例，经过6天5晚航行可途经德国、奥地利、斯洛伐克、匈牙利等国家。

乘坐船舶出游时，可在OTA网站上预订船票，也可到码头售票处购票。行前应了解自己是否有晕车晕船习惯（一般情况下，有晕车史的人也会晕船），提前半小时吃晕船药。如果选择邮轮旅行，应提前了解邮轮的航线、停靠城市与港口、收费项目等信息。一般情况下，除了邮轮服务费（即需要在船上支付的小费），基本都是一价全包的。支付的一价全包邮轮旅行费用（长线自由行和单船票产品除外），已经包含了船票（含住宿、免费餐厅餐食、游泳池、健身房等免费设施、船上娱乐节目及活动）、港务费、税费、签证/登陆许可证费用、基本款岸上观光路线费用以及领队费，如邮轮上的小吃店、餐厅或在免税店购物需要单独收费。

（七）骑行出游

骑行是近几年兴起的健康、低碳、自然的运动出游方式，一辆自行车、一个背包、一颗向往远方的心，既经济又环保，还能锻炼身体、结交志同道合的骑友，深受大学生的喜爱。骑行路途可长可短，在小长假、周末时一般可骑行至城市周边景区，在寒暑假可尝试长距离骑行。有骑友总结了中国十大最美骑行路线（见表4-2），这些路线在距离、海拔、自然风景和人文风俗方面各有差异，骑行难度也不尽相同，如大学生出游群体尝试骑行出游，应从短距离、低难度、熟悉路线开始，逐渐向长距离、高难度进阶。

表4-2　十大最美骑行路线

序号	线路名称	途经城市	距离
1	大漠里的"寻绿"之旅	乌鲁木齐市→达坂城区→吐鲁番市→鄯善县→一碗泉村→哈密市→骆驼圈子村→星星峡镇→甘肃省柳园镇→西湖乡→敦煌市	约990千米
2	环青海湖赏湖观鸟之旅	黑马河乡→鸟岛→刚察县→西海镇→湟源县	约360千米
3	丝路之旅	兰州市→天祝藏族自治县→武威市→张掖市→酒泉市→嘉峪关市→玉门市→瓜州县→敦煌市	约1100千米
4	大运河文化之旅	北京市→天津市→沧州市→德州市→聊城市→济宁市→徐州市→宿迁市→淮安市→扬州市→常州市→无锡市→上海市→嘉兴市→杭州市	约1780千米
5	探访北极之旅	北京市→密云县→滦平县→隆化县→围场满蒙自治县→赤峰市→通辽市→乌兰浩特市→莫力达瓦达斡尔族自治旗（莫旗）→嫩江县→黑河市→塔河→漠河	约2800千米

续表

序号	线路名称	途经城市	距离
6	新藏线鬼门关之旅	喀什市→叶城县→普萨村→依格孜亚→康西瓦→甜水海→假桑玛日村→吉普村→日土县→噶尔县→巴噶乡→仲巴县→萨嘎县→拉孜县→日喀则市→拉萨市	约2850千米
7	浪漫日光之旅	海口市→灵山镇→三江镇→文昌市→东郊镇椰林风景区→博鳌镇→兴隆热带植物园→三亚市→五指山市→琼中黎族苗族自治县→海口市	约650千米
8	312国道之旅	上海市→无锡市→南京市→合肥市→信阳市→南阳市→西安市→平凉市→兰州市→武威市→酒泉市→嘉峪关市→柳园镇→猩猩峡镇→骆驼圈镇→哈密市→吐鲁番市→乌鲁木齐	约3900千米
9	大香格里拉环线	成都市→都江堰市→小金县→丹巴县→新都桥镇→理塘县→稻城县→乡城县→香格里拉市→丽江市→泸沽湖镇→盐源县→西昌市→雅安市→成都市	约1500千米
10	川藏线	成都市→雅安市→康定县→雅江县→理塘县→巴塘县→芒康县→左贡县→八宿县→波密县→林芝市→工布江达县→墨竹工卡县→拉萨市	约2200千米

资料来源：https://www.douban.com/note/190058268/.

在远距离骑行前，需准备专业骑行装备，如行车装备、修车工具、骑行服装、医用品及日用品。具体说来，行车装备有自行车、码表、车前包、车灯、骑行水壶、车尾架、驼包，自行车根据路线特点选择山地车/公路车，尽量选择捷安特、美利达、喜德盛等大品牌，码表可以记录总里程、时速、最高时速、骑行时间、海拔、经纬度、风速等信息。修车工具有便携打气筒、备用胎（内胎必备，外胎视情况而定）、多功能修车工具、链条油、挡泥板（前后都要装）、备用刹车片。骑行服装包括头盔、太阳帽、魔术头巾、骑行眼镜（防风、防强光）、手套、户外鞋、洞洞鞋、骑行上衣和骑行裤、冲锋衣、速干衣、内裤袜子若干、骑行雨衣。医用品包括创可贴、消毒酒精、纱布、棉签、消炎药、腹泻药、维生素片、芦荟胶等。日用品包括充电宝、打火机、碳素笔、笔记本、多用插排、吹风机、帐篷、睡袋、防潮垫等。

（八）徒步出游

徒步也称远足、健行，不同于散步和竞走，是指亲近大自然的，目的地在郊区、农村或者山野间的中长距离的走路锻炼，是户外运动的一种。短距离徒步不需要太讲究技巧和装备，长距离徒步应具备较好的户外知识技巧及装备。徒步圈火爆的路线很多，现将马蜂窝旅游网自由行攻略发布的"中国十个超经典徒步路线"整理如表4-3所示。

表4-3　"中国十个超经典徒步路线"（马蜂窝旅游网自由行攻略发布）

序号	线路名称	途经地点	难度	风景
1	阳朔漓江——桂林山水甲天下	朔杨堤码头——兴坪	★	★★★★
2	新疆喀纳斯——在满眼秋色中沉醉	贾登峪——禾木村——黑湖——喀纳斯湖	★★	★★★★
3	河南南太行——行走在上帝钟爱之地	双底村——红豆杉树大峡谷——马武寨——抱犊村——锡崖沟——十字岭——王莽岭——郭亮村	★★★	★★★★
4	四姑娘山——穿越中国的阿尔卑斯山	日隆镇——长坪沟——垭口——毕棚沟——理县	★★★	★★★★
5	冈仁波齐——走在朝圣的路上	塔钦——哲热普寺——卓玛拉山口——仁珠屯寺——塔钦	★★	★★★★
6	梅里雪山——藏族人心目中的神山	飞来寺——西当温泉——雨崩——大本营——冰湖——神湖——神瀑——尼农——西当——飞来寺	★★★★	★★★★★
7	贡嘎穿越——亲密接触"蜀山之王"	老榆林——日乌且垭口——贡嘎寺——子梅垭口——上木居	★★★★	★★★★★
8	夏特古道——穿越险峻天山	夏特温泉——木扎特达阪——木扎特冰川——木扎尔特河谷——玉石矿——阿克苏	★★★★★	★★★★
9	南迦巴瓦——中国最美的雪山	派镇——赤白村——加拉——大本营——那拉措——派镇	★★★★	★★★★★
10	珠峰东坡——仰望世界之巅	曲当乡——晓乌措——卓湘——汤湘——俄嘎——东坡大本营——措学人玛——曲当乡	★★★★★	★★★★★

资料来源：http://www.mafengwo.cn/gonglve/ziyouxing/33240.html.

网传版徒步经典十大路线则如下所示：

（1）徒步漓江——领略"甲天下"的风光。

（2）徒步虎跳峡——可以成为时尚的穿越。

（3）徒步哈纳斯——穿越秋日的北疆。

（4）长城徒步——一次意义重大的"旅行"。

（5）徒步四姑娘山毕棚沟——翻越中国的阿尔卑斯山。

（6）徒步稻城亚丁——最后的香格里拉。

（7）徒步岗仁波齐——走在朝圣的路上。

（8）徒步长江三峡——千古绝唱。

（9）徒步珠峰——感受世界之巅。

（10）徒步墨脱——走进最后一个不通公路的县城。

徒步装备包括冲锋衣裤、抓绒衣、排汗内衣、速干衣裤、羽绒衣裤、徒步登山鞋、运动休闲鞋、运动凉鞋、运动袜、雪套、遮阳帽、抓绒帽、手套、眼镜、背包、腰包、睡袋、帐篷、防潮垫、铝膜地席、头灯、手电、宿营灯、防风打火机、防水火柴、炉子、气罐、套锅、户外水壶、水袋、净水药品、对讲机、GPS、登山杖、洗漱包、背包雨罩、地图、指南针、军刀、户外手表等，根据徒步线路的自然条件和个人经济条件准备。

三、自由出行旅游安全防护与管理

（一）公共交通出游安全

公共交通出游安全指的是大学生出游群体在外出旅游期间乘坐火车、飞机、轮船、地铁、公交车等过程中的安全事项。

乘坐公交车时，应按公交车行车路线、停车站点进行乘车，不能在非停车点拦车强行上车，在等候乘车时，要在站台或指定乘车地点等候，不能站在机动车道或非机动车道上候车。等车停稳以后上下车，先下后上不争抢。在车上不大声喧哗、吸烟、吃饭、乱扔垃圾，乘车时要文明礼貌、助人为乐。乘车时不能把头、手或胳膊伸出车窗外，以免被对向来车或路边树枝刮伤擦伤，不能向车窗外乱扔杂物。公交车一般前上后下（特殊公交车除外），行驶中不能上下车，车停稳后不要着急跳下，先观察后方是否有自行车、行人和摩托车紧跟，防止后面紧随的行人车辆躲避不及发生意外。下车后，不要急于横穿道路，应在车前或车后观察来往车辆行人后，选择过街天桥或人行横道过马路，不随意翻越护栏。节日期间乘坐公交时，应文明乘车，自觉遵守乘车秩序，注意保管自己的随身财物。上车后不要挤在门口，乘车时后方连续被挤时要提高警惕，以防扒手偷盗。外出旅游时要乘坐正规运营的公共交通车辆（公交车、出租车、正规网约车），不乘坐"黑车""黑摩""黑三轮"等非法运营的车辆。在独自乘坐出租车或网约车时，应记住乘坐车辆车牌号，上车后及时发给亲友，以防意外发生，严禁乘坐农用车、货运车。

外出乘坐地铁时，应遵守地铁运行单位乘车规定，严禁携带易燃、易爆危险品进站乘车；严禁在车内、站内追逐打闹、打架斗殴；候车时应站在白色安全线内，严禁在白色安全线以外（站台白色线和站台边缘之间）行走、站立、坐卧或放置行李；车停稳后应先下后上，严禁扒车门、拉门、脚踢门、倚靠车门；严禁在安全门打开后跳下站台和隧道；严禁触碰站内、车内专用设备设施；地铁站内、车厢内发生突发情况要服从工作人员指挥。

在乘坐火车、高铁时，应根据自己的经济状况和身体情况选择车次、车型，高铁、动车速度快、车厢封闭，窗外物体移动速度快，乘车时容易引起眩晕，有心脏病、高血压和晕车史的学生应谨慎选择。乘车时严禁携带易燃易爆和危险化学品上车，乘坐有窗户的火车时不能将身体伸出窗外，严禁将水瓶、餐盒等废弃物扔出窗外，谨慎通过车门及车厢连接处。在列车上不要过度饮酒，接热水时不要太满，以免烫伤。动车、高铁车厢及连接处禁止吸烟，以免引起车辆制动。行李要平稳地放置在行李架上，严禁乱动车厢内的特殊设施。

在乘坐飞机时，应提前两小时到达机场进行值机、安检，严禁携带枪支弹药、管制刀具、易燃易爆品、腐蚀品等。登机后应及时关闭手机、平板电脑等电子设施，直到乘务员示意可以打开或开启飞行模式为止。登机后应选择自己的座位号入座，不要随意走动，不来回乱串，机舱内严禁吸烟，飞机起飞、途中颠簸和降落时要系好安全带。患心肌梗塞、严重高血压、传染病等疾病的学生不宜乘坐飞机，飞机起飞和降落时，可吃点糖果、口腔大幅张合、进行咀嚼吞咽动作等来减缓气压急剧变化引起的身体不适。飞机上在讲解安全知识时应注意听讲，了解灭火器、氧气袋、救生衣、救生船等安全设施的位置和使用方法，了解紧急出口位置，不随意乱动机上设施。一旦发生意外情况，保持冷静听从机组人员指挥。

在乘坐轮船时，应了解、掌握水上救生和自救的知识，提前到达乘船地点，严禁携带易燃易爆品、腐蚀品和有毒物品等上船。船舱内不准吸烟，严禁乱动船上设施，船遇风浪摇摆时不要随意走动，上下楼梯扶好栏杆，严禁将身体伸到船栏杆外。夜间航行时不要用手电筒向窗外探照。遇到紧急情况时应听从工作人员指挥，离舱前应多穿衣服再穿救生衣，落水后如第一时间未被救上岸，应调整身体姿势自救，将双腿并拢屈曲到胸前，两肘紧贴身旁，双臂交叉放在救生衣前。采取这种姿势，尽可能不游动，使头部露出水面。不要做徒劳的挣扎和游泳，这会令你的体力迅速流失，尽量随波逐流等待救援，设法发出求救信号。一定不能喝海水，不能入睡，坚定获救信心，坚持时间越长，获救机会越大。

（二）旅游包车出游安全

包车出游一般指旅游者向租车公司租赁包括大巴车、中巴车、商务车、SUV、小轿车等任意车型出游的方式，确定包车出游后，应提前确定包车时间、行程线路，联系正规租车公司询问价格，严禁使用没有营运资质的车辆，因为私人车辆没有购买承运人保险，在发生事故后没有保障权益。一辆合法的旅游营运车辆必须有道路运输许可证（即营运证）和机动车行驶证，车辆没有营运证而从事载客营运的为非法营运（即俗称的"黑车"），如果外出旅游租赁这种车在遇到运政检查时就会被扣车，既耽误了旅行，又无法保障自己的合法权益。一辆合法营运的旅游车辆，应定期维护保养，车辆保险齐全，每个座位保险额明确，驾驶员应持符合该车型的营运车驾驶资格证，且在运政部门有备案，经过专业培训，驾龄长，驾驶经验丰富。

在选择包车时，首先从外观看，不要选择车外观比较陈旧的车，外观旧的车一般购置时间和运营里程长，容易在旅途中出现小毛病甚至抛锚。在选择驾驶员时应选择驾驶经验丰富的，年轻的驾驶员应慎重考虑，因为存在技术生疏、行车经验不足、容易莽撞开车的风险。长途包车不要临时匆忙搜寻，而应提前预订，这样既能提前提醒预订的驾驶员在跑长途前检查车辆，又能避免临时找车被司机坐地起价。如果旅程距离远，超过 4 小时的车程不建议包车前往，如果目的地没有火车或长途汽车的话，可在包车公司聘用两名司机，避免一名司机疲劳驾驶。在行驶途中，不超员乘坐包车，不携带易燃易爆危险物品上车，全程系好安全带。出游团队成员有责任监督或提醒驾驶员是否违章（如避免超速和疲劳驾驶），此外，不要轻易改变活动计划和行驶路线，以免产生不必要的经济纠纷和司机疲劳驾驶。

（三）自驾出游安全

因大学生群体社会经验和驾驶经验少，因此不建议自驾出游。如果有丰富的驾驶经验，并对自驾出游有极高热情和兴趣，可自驾出游，并应做好以下准备工作：

首先应做全车检查，仔细检查汽车的"五油三水"（汽油、机油、变速箱油、刹车油、方向助力油，水箱防冻液、电瓶水、前车玻璃清洁液），汽油应加至90%以上，机油在油尺刻度中上部，检查发动机底部是否有漏油痕迹，刹车油应在油罐中上位置，一般情况下刹车油色是清澈的，在冬季出行时要检查防冻液和玻璃水耐受温度是否达到气温以下，如室外夜间最低温度为零下20 摄氏度，防冻液和玻璃水应该加注性能良好、防冻标准在零下 30 摄氏度至更低温度的，否则容易冻裂导致漏水；应检查蓄电池的蓄电情况（避免因电瓶问题打不着火），检查汽车的刹车片，如果接近或小于制造商规定的最小厚度，应立即更换；检查轮胎、备胎的气压是否正常，磨损程度是否处在安全范围内，四轮定位是否正常。如果发现问题应立即到 4S 店或修车店进行更换、维修。

其次应检查证件和随车工具是否齐全，检查行驶证、驾驶证、车辆保险、身份证等证件，检查是否携带拖车绳、搭桥电瓶或搭桥线、三脚架、灭火器（应在保质期内），此外还应携带对讲机、保险管、电线、手电筒、纯净水、厚衣服等。如果是组队出行，应粘贴统一的编号，提前测试对讲机，熟悉行程线路安排及各车人员姓名、电话。

在行驶中应严格遵守道路交通规则，按固定行驶速度行驶，不可超速、任意变换车道，与前车保持一定的行驶距离，停车或慢行时要靠右边，注意观察四周动态，做到"眼观六路耳听八方"。在高速路行驶时，切忌空挡滑行和长时间制动，长下坡时不能空挡滑行，长时间空挡滑行容易使车辆打滑，损坏变速箱且不利于发动机制动，可能出现换挡抖动问题；长下坡路段若控制车速频繁制动踏板（踩刹车），容易导致制动效能降低甚至刹车失灵，遇到此类情况应挂所需车速的挡位，充分利用发动机控制车速，或自动挡汽车使用定速巡航，可有效避免频繁踩制动。

在高速路上行车时应注意控制车速，如果汽车出现故障，应及时靠右停在应急车道、就近驶入服务区或驶出高速，停在应急车道后开启双闪并在车后至少150米处放置警告标志牌（三脚架）。如果汽车不能动或短时间内无法修好，开启双闪、放置警告标志牌后全部人员应迅速撤离到护栏外并立即打电话求救。高速行驶时如果遇到爆胎，应双手紧握方向盘，切忌一脚刹死制动，应采取点刹方式让车辆慢慢减速。

路上行驶应注意识别指示牌（详见附录1），尤其是遇到事故多发地时应提高警惕，因为此路段事故发生率远高于其他路段，最简单的做法是放慢车速，远离大货车，随时注意前后车辆动态，在未明确前方路况时，切勿强行超车。夜间行车时慎用远光灯，如在高速路上前方200米无车辆可使用远光灯，在超车时应交叉切换以示注意；在普通道路上行驶时对面车道200内有来车时禁止使用远光灯。

途中加油时应首选中国石油或中国石化加油站，尽量不要选择小加油站，以免油品质量差影响性能。

（四）骑行出游安全

骑行前应制定详细的骑行计划和骑行路线，规划骑行线路时尽量避开人流量大的地方，降低自行车撞人的概率，使骑行更加顺畅。检查自行车，刹车要灵，配置声音响亮且操纵方便的车铃，车辆应功能良好，无重大故障，以免发生事故影响行程；自行车车座不应过高，以伸脚够到地面为佳，避免在人很多的地方腿部动作过大，注意不要碰到行人。准备出行装备，如骑行服、头盔、眼镜、背包、食物、水、药品等。出发前将骑行路线告知家人或朋友，途中经常与亲友保持联系，随时告知你的骑行地点，必要时与亲友共享位置或使用亲友地图。

在野外骑行时应注意周边环境，留意是否有动物出没。如有紧急情况刹车时，应先刹后轮，避免惯性过大而摔车，根据个人习惯调整刹车手把位置，调整刹车线松紧度，检查刹车片与车轮钢圈间隙及磨损程度，如磨损严重需及时更换。骑行时应调整转弯方式，转弯时车身倾斜，内侧脚踏板应保持水平并置于上方，避免脚踏板碰触地面，转弯前应先减速，避免转弯过程中刹车。骑行上坡时，坐姿前移降低重心，轻踩踏板前行，除特别陡的坡段或需要加速冲刺时站立起来脚踩踏板，否则应避免站立骑车，既耗费体力又导致重心提高操控不稳；下坡时，重心后移身体压低，注意控制车速，采用点刹降速，严禁急刹车。

在团体骑行时，应注意力集中，与前车保持安全距离，遇到路面不平时不要碾压突出物，骑乘时注意观察远方，避免车速过快而躲闪不及，如临近时发现障碍物，可用力上拉把手，配合脚踏力量腾空让前轮跃起，以减轻障碍物冲击。骑行时最好不要戴耳机，以防不知晓前后交通情况，也避免耳机线过长造成意外。

当车辆发生故障时禁止强行骑行，应及时修复或以其他方式前进，情况危急时立即请求道路救援。若遭遇台风、暴雨、雷击、沙尘暴、强风等恶劣天气时应更改或取消行程，就近休整等待风缓雨停后再前进；也应避免在烈日下或超过 35 摄氏度的高温下骑行，避免因运动多汗而脱水。由于车灯照明光源昏暗，应做好行程规划避免夜骑，建议早出发，在天黑前抵达当日行程终点。严禁骑车载人，骑车时应注意行人，在接近路边儿童时减速，有行人过街时应让路。女学生应避免穿裙装骑车，不宜穿短裙长丝袜骑自行车。

（五）徒步出游安全

徒步可以使人头脑清醒，提升精神，心情愉悦。通过呼吸新鲜空气，增加肺部通气量，增强肌肉强度，能让身体多吸收钙质，延缓骨质疏松，缓解身体和精神压力，活络筋骨，锻炼肌肉。在徒步出游前，应制订详细的行程计划，根据旅游目的地的不同，在徒步距离和时间上应有所差异，在西部偏远山区，要考虑到聚落点相距较远、气候恶劣等因素，徒步距离不宜过长，避免在无人区独自徒步。在中东部地区应估算起始距离，根据自身情况确定每天徒步行程，一般情况下普通人一天可以走50~60千米。路线尽量选择在国道、省道、县道、乡道等地图上显示的道路，如果方向感不强或对线路不熟悉，可以使用地图软件导航中的"步行"模式，保持在主干道周边活动，一般20~50千米就会有集镇出现。制定路线时，应把沿途关键市镇和集镇记录下来，方便在路上查询，避免走错方向。在遇到交叉路口时应明辨各路口的通向，如不清楚可向当地人询问。

根据自己的体能情况进行评估，首先在前几次徒步出行时应逐渐递增距离，通过科学衡量体能，再适当增加徒步穿越的强度。在进行徒步时，应根据自己的速度行进，严禁逞强猛走，既消耗体力又容易磨损膝盖，欲速则不达。多欣赏沿途风景，会保持愉悦心情，有益缓解疲劳。在徒步时应注意科学休息，一般采用"50+10"的休息频率，即每走50分钟休息10分钟，不同体质的人可根据实际情况酌情增减。徒步过程中严禁大吃大喝，在饥饿和口渴时不宜暴饮暴食，而是要少量多次，天气炎热时人体热量损失大，为补充体力需及时补充水和食物。在爬陡坡前可适量喝一些水，如果天气比较热，出汗较多可在饮用水中适量加盐。

徒步在石板路面时，最好穿专业的防滑鞋，带上登山杖、冰爪等装备。石板路面一般出现在陡崖、山体断层路面上，路面平滑，苔藓多，在雨雪天气容易摔跤、崴脚，行走时背包重心偏下，尽量扶住两侧树木，下山时身体稍微前倾，拉开与前人的行走距离。在条石路面行走时，应准备鞋底比较厚、硬的登山鞋，尽量走石块小、少的路面，在雨季时尽量不要走此种路段，有山洪暴发的危险，行走时留意落脚点砂石，途中应及时清理鞋底的沙子。在走泥土路面时应携带登山杖，下雨时用登山杖探泥路，避免陷入泥沼里，脚步放慢放稳，避免摔倒。在走灌木丛路面时，注意土质是否松散湿滑，辨别是否有沼泽存在，尽量走土质不滑、比较宽的路，并扶紧树枝，脚步要慢要稳。

在登山时，适当利用登山装备可有事半功倍的效果。利用两根可自由伸缩、携带方便、有减震功能的专业登山杖可减缓体力消耗，若没有可用树枝、木棍代替。在凹凸不平的山路上徒步时，登山杖可保持身体平衡，避免摔跤、磕碰；蹚河时，登山杖可使身体在湍急、湿滑的河流中保持平衡，增加支撑点；上坡时，登山杖可增加脚助力，下坡时可减少膝盖震动，减小对身体的伤害；遇到灌木丛林时可前向探路，驱赶藏匿在灌木丛中的小动物；路过村寨时，还可以用来对付野狗追击；休息时，用登山杖把衣服或防潮垫支起来可以用来遮阳；甚至还可以用来做相机的支架。

野外徒步时应实时辨别自己的方向和位置，在徒步前进时，随时要留意经过的明显自然标志（如河流、湖泊、岩壁、形状特殊的山头等）和人工建筑（如水坝、烟囱、破败的房屋），一旦迷路可根据标志物回到来时的路上。如果徒步地区有当地人活动痕迹，可根据道路的宽窄或野草茂盛程度来判断行人出现频率；如果徒步的路线是野外热门路线，应留意路上过往徒步爱好者留下的标记。随身携带指南针辨别方向，如果没有携带，应结合太阳位置和时间，观察影子来判断大概的前进方向和距离。徒步时最好戴只手表，这样既对时间有清晰了解，也能辨别方向（最好是具有记录距离功能的手表）。掌握当地太阳落山的时间，提前寻找营地准备休息，及时补充能量，尽量避免走夜路。

野外徒步时要注意山体落石，尤其在穿越峡谷、山林时，两侧不够坚硬的岩石、水土流失严重的断崖经常出现落石。应尽量避开雨季前往峡谷徒步，如因落石无法穿过峡谷，应先在安全地带观察，戴好头盔。在烈日下徒步时应注意及时补充水分，长途跋涉会使人体严重缺水，流汗多时可能导致脱水，出发前准备净水药片或小型净水器，必要时处理雨水、泉水饮用，确保背包里永远有瓶水，一直留到找到干净的水源为止。野外徒步时如果遭遇暴雨暴雪天气，应及时安营扎寨，长时间淋雨、雪，或衣服鞋袜湿透容易出现失温现象，导致体表温度迅速下降，严重者甚至导致死亡，因此尽量保持全身干燥，携带雨衣、雨伞、雨鞋，出现失温时吃些巧克力、能量棒，为身体补充热量。

在经过长时间徒步后，有人会出现足前部疼痛现象，而且随着徒步的进行疼痛逐渐加重，这时应警惕疲劳性骨折发生。如果疼痛在休息后减轻，但继续行走又出现，且出现局部肿胀和压痛症状，则应及时到附近医院就诊。如果诊断为疲劳性骨折，应马上中止旅游，用石膏固定后回家休养。如果执意前行，不仅会越走越疼，还会加重脚周围软组织损伤，产生不可逆的后遗症。

在沙漠中徒步旅游尤其要注意安全。我国沙漠多分布在新疆、甘肃、内蒙古等地，昼夜温差大，夏季酷热，地表温度高达 60 ~ 70 摄氏度，冬季温度降至零下 20 ~ 30 摄氏度，雨少风大，时而会有飞沙走石，强风易导致沙流形成。鉴于此，选择沙漠徒步时应尽量避开炎热的夏季和大风季节，通常 9 ~ 11 月和 2 ~ 3 月比较合适。出发前应制定完善的线路和战术，确保生命安全，如果没有沙漠行走经验，不建议进入未开发地带的沙漠深处探险。

在沙漠中徒步最重要的是正确地判断方向。广阔沙漠视野空旷，沙丘起伏大，很难找到准确的定向参照物，此时可以根据仪器、太阳、北极星、沙丘形状等判别方向。可以用罗盘和地图确定方向，根据地图标定目标地区的位置和方位角，然后根据罗盘所指的方位角行进；也可以用手持 GPS 进行导航定向。如果上述工具都没有时，可以用北极星判定方位，夜间北极星在正北方。也可以利用太阳和影子判定方向，太阳东起西落，影子自西向东移。早晨日出东方，物体阴影倒向西方；中午太阳位于正南（北回归线以北地区），影子指向北方；傍晚太阳向西移动，影子则指向东方。还可以根据沙丘走向判定方向，风塑造了沙漠地表形态，在我国西北沙漠地区，常年盛行西北风，一般情况下沙丘是东南走向，沙丘西北面是迎风面，坡度缓，沙质硬；东南面是背风坡，坡度陡，沙质松软。沙漠中的红柳、梭梭等都向东南方向倾斜（特殊气候导致特殊沙丘走向，应提前掌握目标地区的气象和地貌）。

在沙漠中行走应选择一双合适的鞋子，防沙套是必不可少的。在沙漠中负重行走，上下翻越沙丘对膝盖构成很大的压力，用双杖（登山杖）行走能减轻膝盖的压力。沙漠中不要怕走弯路，遇到大型沙丘或沙山时一定要绕过去，切忌直越陡坡、穿越背风坡松软沙地，尽量在迎风面和沙脊上行走。夏季沙漠行走时，可采用"昼伏夜出"方法，避开白天炎热的高温天气，夜间凉爽时再行走，前提是夜间能准确判别方向。在沙漠露营时应注意营地要选在避风场所，远离流动沙丘，一般选择在沙丘上的开阔平地扎营；远离红柳、胡杨树等植物，避免植被上生长有毒的蚊虫。沙漠探险还有一个难题是寻找水源，如果在沙漠中发现了茂密的芦苇、大片芨芨草，意味着在其地下约两米多有可能挖出水；如果看到红柳和胡杨林，意味着地下 8～10 米的地方有地下水。在沙漠中如果有小片的潮湿沙土或浅水，挖个坑用透明塑料布将坑罩住，这样就做成了简易太阳蒸馏器。在沙坑里的空气和土壤迅速升温产生水蒸气，饱和后就凝结成水滴，滴入下面的容器。还有，在沙漠中应注意躲避沙暴，不要躲到沙丘背风坡，因为在背风坡有被沙体掩埋的危险，应站在迎风坡比较硬的沙地上。

第五章　酒店住宿安全防护

一、入住前安全事项

1. 旅游住宿设施常识

外出旅游时，如果是短途旅游、郊区游，在当天即可返回家中/学校，如果是长途旅游的话，就涉及在当地住宿，一般来说，外出旅游住宿可选择酒店、民宿客栈、短租房、短租公寓、青年旅社、日租房、家庭旅馆等住宿形式。

（1）酒店。酒店也称作宾馆、旅馆、旅店、饭店，是给旅客提供住宿和餐饮的场所。其以建筑物为服务场所，通过向客人出售客房、餐饮和娱乐等综合服务项目来获取经济收益。酒店按功能可分为商务型酒店、度假型酒店、长住型酒店、会议型酒店、观光型酒店、经济型酒店、公寓式酒店等。商务型酒店接待的客人主要以从事商务活动为主，是为商务活动服务的。商务类客人对酒店的地理位置、住宿环境要求较高，这些酒店一般处在城区、靠近商业中心，酒店内设施齐全高档、服务功能完善多样。客流量一般不受季节影响。度假型酒店主要接待休假旅客，多建在海滨地带、温泉和风景区附近。该类酒店可能离市区较远，受季节影响较强，酒店内一般有较完善的娱乐设施。长住型酒店是为旅客或租客提供长时间食宿服务的酒店，客房多为家庭式套房结构，可供一个家庭长期使用。会议型酒店以接待会议旅客为主，承担食宿、会议服务的酒店，会议服务包括参会代表接送站、会议流程设置、会议资料打印、会场录像摄像、会后旅游等服务。有各类会议室、同声传译设备、各种投影仪等完善的会议服务设施和附属的娱乐设施。观光型酒店主要面向观光游客服务，一般建在景色优美的景区，该类型酒店既要满足游客的饮食住宿需求，还应该为游客提供充足、高档的公共服务设施，以满足游客休闲、观光、娱乐、购物的需求。经济型酒店服务对象多为低收入者，价格低廉服务快捷，客房类型单一，娱乐设施少，但是能满足基本的住宿需求。公寓式酒店经营理念是"酒店式的服务，公寓式的管理"，这类酒店既有家庭式的住宿设施，又有专门物业管理公司统一管理，在这里能享受酒店提供的周到服务和居家欢乐。住户不仅有独立的卧室、客厅、卫生间、洗浴间、衣帽间等，还可以在厨房里烹饪美食。可以在酒店餐厅用餐，卫生不用自己清扫。这类酒店一般在市中心高档住宅区内，价格较高。

酒店按客房规模可分为小中大三类，小型酒店一般客房在 300 间以下，中型酒店一般客房为 300～600 间，大型酒店一般客房在 600 间以上。酒店按等级分可分为一星级、二星级、三星级、四星级、五星级，《中华人民共和国旅游涉外酒店星级标准》对各星级的酒店在房屋结构、内外装修、建筑布局、房屋设施、酒店服务设施、房间数量等方面做了不同要求，一星级最低，五星级最高。

一般情况下，高等级酒店内有完善的餐饮接待设施、娱乐服务设施、商品销售服务设施和酒店经营保障设施，餐饮接待设施包括规模、标准与酒店相适应的宴会厅、中餐厅、西餐厅、地方风味餐厅、咖啡厅等；娱乐服务设施主要指 KTV、麻将室、酒吧、保龄球馆、健身房、游泳馆、电子游戏厅、按摩室及配套设施和辅助设施；商品销售服务设施指酒店附属经营的商场、商店及经销的商品；经营保障设施有配电设施、空调设施、给排水设施、备用发电设施、热水供应设施、洗衣房、消防设施、员工保障设施等。

酒店内可提供的服务项目有接待服务、客房服务、餐饮服务、娱乐服务、商场服务、汽车出租服务。接待服务如停车、行李运送、问询、复印传真、租车、医务、物品存放等；客房服务包括登记入住、冷热水供应、电视频道、叫醒、洗衣、擦鞋等；餐饮服务包括提供中餐、西餐、地方风味餐、自助餐、宴会包桌、咖啡酒吧、客房送餐服务等；娱乐服务包括健身、游泳、桌球、美容、桑拿、按摩、棋牌等；商场服务包括日用品、纪念品、食品、工艺品、文化创意产品、图书、鲜花等；汽车出租服务包括旅游汽车出租、商务租车服务等。

（2）民宿客栈。民宿起源于日本，随着共享经济的发展，在 21 世纪的第二个 10 年迅猛发展，成为中国非标住宿的代表。文化和旅游部发布的旅游行业标准《旅游民宿基本要求与评价》（LB/T 065—2019）指出，旅游民宿是当地民居主人利用闲置的民居及院落，为游客提供住宿、餐饮、文化和生活方式体验的小型住宿设施，一般民宿不超过四层，建筑面积小于 800 平方米，主人亲自接待游客。民宿客栈与传统酒店宾馆不同，这里没有钢筋水泥、没有高级奢华的设施，但能让你体验当地风情、欣赏当地美景、感受民宿主人热情周到的服务。民宿等级分为三个级别，由低到高分别为三星级、四星级和五星级。各星级对民宿环境和建筑、设施和设备、服务和接待、民宿特色和对当地社区带动作用等做了详细规定。优秀的民宿应参与地方优秀文化传承、保护和推广活动，有引导游客体验地方文化活动的措施。民宿据其所处位置可分为城镇民宿和乡村民宿，且乡村民宿成为旅游热门目的地。例如，北京怀柔、成都三圣花乡、杭州临安、湖州安吉、上饶婺源、西江千户苗寨、十堰武当山、广东清远、无锡灵山成为 OTA 乡村民宿新的热门目的地。

（3）短租房、短租公寓、日租房、家庭旅馆。这几种非标住宿形式类似，家庭旅社/家庭旅馆最先出现，随后短租房、日租房、短租公寓、移动公寓、自助公寓等概念相继出现，它们均指房屋主人将房屋某间或全部短期出租给客人的一种经营形式。

这些短租房、短租公寓、家庭旅馆不同于平常意义的"租房"，由于租期短（可能 1～2 天），租住户更换频繁，每个租房者与业主签订租赁合同显然不太现实，也没有必要。短租类房间设施齐全，刷卡进入，卫生参照三星酒店的标准一客一换、每日打扫，入住需要缴纳押金、登记身份证等。

民宿、短租类房屋在携程旅行网、小猪短租、途家网、蚂蚁短租等平台有大量房源，用户可根据日期、地理位置、价格、出租类型（整套或单间）、户型和设施等条件进行搜索预订。

（4）青年旅社。大家熟知的青年旅社即国际青年旅舍及国际青年旅舍联盟（Hostelling International，HI），"青年旅舍"概念源于20世纪初的德国，青年旅舍奉行的理念是："通过旅舍服务，鼓励世界各国青少年，尤其是那些条件有限的青年人，认识及关心大自然，发掘和欣赏世界各地的城市和乡村的文化价值，并提倡在不分种族、国籍、肤色、宗教、性别、阶级和政见的旅舍活动中促进世界青年间的相互了解，进而促进世界和平。"

国际青年旅舍联盟主要为青年和学生旅游者服务，除经济环保、安全卫生外，最大的特点是友善（旅社可以出租单个床位）。该联盟鼓励青年热爱旅游，倾向自然，善交朋友，重在培养青年间的文化交流和推广环保旅游意识，为提高青年社会责任感、自律意识、文化交融与多元化共识、环保意识等提供场所。国际青年旅舍与经济型酒店不同，提倡文化交流、社会责任、实践环保、爱护大自然、简朴而高素质的生活、自助及助人。

经过多年的发展，青年旅舍在中国27个省份开设了200家旅舍，其文化理念得到了越来越多人的认同，"青年旅舍"已成为年轻人心中的理想住宿品牌，也是与国外青年交流的平台（青年旅社接待的游客中，20%是外国年轻人）。

2. 预订流程及注意事项

如果参加了旅游团的团队出游，那么夜宿城市、住宿酒店、房间类型、住宿标准是在旅游行程中确定的，在选择旅行社产品路线时应该仔细浏览行程安排信息，旅行社安排的住宿基本都是标间（两张单人床），所以如果你是一个人参加旅游团就要接受和同性旅游团员共住一室的事实，如果是两个同性同学共同参加旅游团，可以和领队商量将你二人安排至一间客房；要求睡单间的同学需要补单间差（一个人住一个房间需要补足另外一个床位的费用，也可以选择接受与其他同性拼房，在条件允许的情况下拼成三人间）。团队出行不需要自己预订房间，只需要带上身份证，到住宿酒店时交给领队登记，然后从领队那里领房卡。

如果是和亲友出行或自己出行，就需要自己订住宿酒店、民宿或短租类公寓了。首先应选择你要入住酒店的大概位置，酒店一般选址在城市交通枢纽站附近、商业中心附近、城市主干道两侧、市区景点周边、高校聚集区附近等，机场附近酒店因距离市区较远可不考虑（除非是半夜抵达机场，没有到达市区的公共交通，选择住宿在机场附近），火车站、汽车站附近因客流量大、旅客身份复杂、偷盗案件多发等原因也不建议住宿（有同学可能想第二天一早要赶火车，于是选择车站附近的宾馆，但是如果在商业区住宿凌晨打车前往火车站也不成问题）。因此，理想的住宿地点可选择在商业区附近、城市主干道两侧、市区景点周边、高校聚集区附近，商业街是一个城市的重要脉络，是散发着浓郁人文气息的场所，也是大学生到达某城市后比较向往的区域；城市主干道有便利的交通，可以直通车站或商业街；市区景点附近住宿可以在住宿地和景区间自由穿梭；高校周边酒店宾馆类型多、价格适中，不会容易被宰。如果第二天要乘车前往交通枢纽站，应注意住宿地点应有公共交通站点（公交、地铁、轻轨等）。如在兰州市旅游时，可以住宿的西关十字附近，距离市区景点中山桥、黄河风情线、张掖路步行街均在 5 分钟步行路程之内；距离人文风情景点正宁路小吃街、南关民族风情街、大众巷、金塔巷、鼓楼巷等均在 2 站公交距离内；距离火车站和客运中心站均有直达公交；乘坐地铁可到达甘肃省博物馆、兰州中心商业区、兰州西站（高铁站）、兰州大学，在兰州西站可换乘城际列车到达中川国际机场。

在选择好适合酒店后，可通过电话（在地图和 OTA 平台均能查到）或网上下订单，通过提交入住人姓名、电话、房型及入住日期进行预订，酒店会根据要求配备房间，届时抵店后报姓名、电话并提供身份证入住。订房时应于入住前一天上午（中午 12 点前）预订房间，部分酒店需要提前 72 小时预订，节假日、旅游旺季或会展期间，建议提前较长时间预订，以防酒店客满，不要到达目的地城市后再漫无目的地找宾馆，这样你会崩溃的，旅游旺季想订当天的房非常困难。大部分酒店入住时需要先支付押金（注意携带纸质钞票）。一般情况下酒店房间可保留到入住当天的下午 6 点，节假日或旅游旺季可能保留到下午 5 点，如果晚上或半夜到达酒店应提前告知跟前台确定时间，防止房间被临时取消预订，提前支付房费可避免此类情况。到店房间价格可能因季节变化与 OTA 平台上的价格不一致，应电话咨询最终确认。

3. 外出旅游住宿装备

外出旅游住宿时，身份证是必备物品，没有身份证既无法乘坐火车、定线大巴车，也无法办理住宿手续。此外，还应携带自己的洗漱用品，毕竟外出住宿使用自己的牙刷、毛巾比较放心，某快捷酒店曾被曝光用客房毛巾擦马桶、擦茶杯；还可以携带一个床单，睡觉时放在酒店的被子里；还可以带一件睡衣，以防房间里有针孔摄像头；水杯也是必需品，某酒店的茶杯也曾被曝光用擦马桶的毛巾擦拭。除必备的生活用品外，还应该携带一些纸币，准备一些零钱，一是用来交押金，二是防止手机丢后无法进行扫码支付。在境外住宿还应该根据地区或国家的实行标准携带转换插座和适配充电器。

二、入住后安全事项

1. 消防安全

2018 年 8 月 25 日 4 时 30 分许，哈尔滨市松北区北龙温泉酒店发生火灾，导致 20 人死亡，23 人受伤。在外住宿安全的问题再次引发社会的广泛关注。大学生社会经验少，外出旅游时如何选择一家安全的酒店？入住后该注意哪些安全事项？遇到突发火情该如何逃生呢？

首先要选择一家相对安全的酒店，开设在老旧楼房里、外表陈旧破烂的宾馆、招待所慎住，因为老旧住宅的线路存在老化、额定功率小等问题，如果客房的空调、暖风机、烧水壶等电器同时打开的话可能有跳闸、线路烧焦等危险。选择酒店入住时，应选择外表新、楼栋新、内部消防设施完善的酒店，尽量选择低楼层入住，在发生火灾甚至地震时，低楼层能让你尽快逃离酒店。入住酒店后，第一时间查看酒店的紧急疏散路线图或安全疏散示意图（一般客房门后贴着）和楼梯位置，了解自己房间位置、疏散通道、紧急疏散楼梯具体位置和数量，距离自己房间最近、最方便且可以直通楼宇外的路线作为紧急逃生路线。了解各条路线后应实际查看、熟悉具体路线，从房间到室外走一遍。如果建筑高度超过100米，还需找到超高建筑的避难层在哪一层、如何到达。查看房间里是否备有自救缓降器和自救绳。

在清楚疏散线路后，再围绕所在楼层的过道走几圈，掌握酒店该层的结构。哈尔滨市北龙温泉休闲酒店在改建时，将原本方正的建筑扩建、搭建，很多房间用木板、易燃泡沫板制作隔断，有火灾经历者反映，酒店内部结构复杂，逃生时像进了迷宫。所以在选择酒店时要避免乱建乱改的建筑，避免迷宫式酒店。在围绕酒店内部走时，要了解酒店楼层消防设施的布置情况，一般情况下，过道和房间的顶部有火灾自动报警探测器、自动喷水灭火喷头，过道墙壁上有消火栓、防火卷帘、防火门、疏散指示标志（灯亮）等。

一旦酒店发生火情，千万不能打开房门观望，如果情况紧急需要开门，先用手背感受门的温度，用手背既能感受温度，又能避免烫伤手掌和手指。如果门和把手温度非常高，意味着火源就在门外，千万不要马上开门。如果门不热，要小心开门，先开一个缝，但是头不要伸到缝里，避免门外大火扑过来，门要慢开快关。如果从门缝里飘进来烟气，迅速将床单浸湿堵住房门空隙，防止烟气窜入，用湿毛巾捂住口鼻等待救援，同时打开窗户或是洗手间的通风扇保持通风，若房内有浴缸则提前往浴缸里放水，以备灭火时需要。当听到门外有工作人员大喊引导疏散时，将湿毛巾、湿床单等披在身上，拿好自己的房门钥匙（万一逃生路线被火灾吞噬，要返回自己房间），听从工作人员安排进行疏散。如果没有工作人员疏散，需进行自救，则要将房间内配备的自救缓降器和自救绳拿出迅速安装使用，尽快逃生。如果火灾点离自己所住楼层房间较远，一般情况下躲在自己房间还是相对安全的，酒店内的公共厕所、楼梯、楼层末端设置的避难间也可暂时避难。火灾发生后，严禁乘坐电梯，因为此时电梯有可能会因断电而停，一旦电梯里有烟雾，将会是致命的。如果所住楼层高、无法冲出着火区域自救，那就等待救援，保持镇静，不要盲目跳楼（9米以下低楼层可以选择跳，应掌握技巧，跳楼前尽量抱些棉被、沙发垫之类的软物品，并找楼下有人接应处跳下，或选择水池、树木处跳下，但是要慎重），利用手上醒目的物品挥舞并大声呼救，让消防人员第一时间发现你。离开酒店房间时千万不要迷恋财物收拾你的行李，太浪费时间，任何东西都没有命值钱。

2. 人身安全与财产安全

在外住宿应注意防范盗窃和拐骗活动。酒店宾馆是扒手经常作案的地方之一，就是瞄准了游客外出携带现金、财物被偷后着急赶车不报警等漏洞。在当天外出时，暂不使用的贵重物品如电脑、行李可交由前台保管，自己保存好收据或钥匙。随身携带的相机、手表、现金应细心照看，不要放在合住的房间内，也不要遗忘在公共厕所里。青少年学生社会经验少，容易成为诈骗犯和小偷的下手目标。要防止被偷、被骗，旅途中接触的陌生人要保持戒心，毕竟防人之心不可无，不要随意与结交的陌生人一同外出购物、吃饭、游览。不要吃、喝陌生人递来的点心、饮料、酒等。

在入住酒店后，应避免晚上出行至很远的地方，21点前尽量返回酒店休息，女同学外出要结伴而行。返回酒店后，为防止房卡被复制、盗刷，应将房门反锁，将反锁锁链挂上，在门把手上放置两个玻璃杯（卫生间一般备有刷牙杯）。如果酒店没有玻璃杯，可使用衣架，一角套在反锁链上，一角卡在门把手里，从外面开门除非把衣架推折，否则是打不开的。

经常出差、旅游的同学，可以在购物网站购买专门阻门器，阻门器底部是由防滑纹理耐磨橡胶做的，塞在门缝底下，从外面推门，越用力阻力越大，有的阻门器还带有报警功能，一旦阻门器坡度压板下面的报警器被触发，就会发出超过100分贝的报警声，对犯罪分子也是一种震慑。还有一种便携式阻门器是不锈钢链条制作而成，将推门的力转向门锁扣，也不容易打开。

3. 地震等自然灾害

发生地震时，应迅速躲到结实的桌子底下、床边或支撑多、空间小的卫生间避难。震动过后房屋平静时，应迅速离开房间从楼梯下楼。此时严禁使用电梯，也不要从窗户往外跳，避免楼层高发生意外或被震落的物体砸中。地震发生时，酒店或宾馆报警铃声会响，听到铃声后要迅速做出反应，马上判断是发生了什么紧急情况，并采取相应的自救措施。提前了解宾馆的电话报警系统，一般情况下宾馆房屋内的紧急电话号码是"0"。

4. 防偷窥防偷拍

入住酒店后，尤其是女同学要学会寻找藏匿的摄像头，避免隐私被偷拍被侵犯，电视信号盒、灯位、通风口、插电位、墙角、烟雾器、淋水喷头都可能是摆放隐藏摄像头的位置。针孔摄像头中比较常见的是红外线摄像头，可以先把房门、窗帘拉上，灯光全都关闭，让房间处于黑暗中，而且越黑越好，再打开手机外置摄像头扫描房间，如果有红点出现，说明可能有一束红外线光在附近，需要引起注意。但是有些手机镜头会带有红外滤光的功能，这种情况就没办法找摄像头（可以自行上网搜索自己的手机是否有这种功能）。

对于无线摄像头，可以借助几款专门支持扫描无线设备信号的手机 App，搜索是否有可疑的信号；还可以在购物网站上购置一台专业探测仪，用来代替手机相机捕捉红外摄像头，识别无线信号。在查找摄像头时重点留意以下地方：房顶、灯座、电源面板、烟雾探测器、火灾淋水喷头、书架上的书（要把书搬空）、文件夹、电视机、音响、桌子下沿、电器、床头柜摆件等。也有人使用 Python 代码检测酒店里的针孔摄像头，原理是用 Scapy 模块模拟发送 ARP 广播，获取设备的 Mac 地址，借助第三方平台查询设备的具体信息，检测周边环境是否正常（详见 https：//www.cnblogs.com/xkbc/p/12524563.html）。如果找到了摄像头，最好先拍照留证据，再将其拆除，马上报警。

除摄像头外，镜子也是必查项目，尤其是检查是否有双面镜的存在。单面镜是日常使用的水银涂面镜子，双面镜一般应用在汽车上，车内能看到车外的情况，而车外看不到车内，只能看到玻璃上反光出来的镜像。如果双面镜应用在浴室中，镜子里只能看到自己，但镜子背后可能有人在窥探！可以用手指甲顶着镜子，看手指与镜子的距离，如果指尖与镜中成像有距离，则是单面镜；如果指尖与镜中成像没有距离，就是双面镜，需要小心。

还应该检查门上的猫眼，谨防猫眼反装（里面看不到外面，外面能看到里面），或者在猫眼上安装摄像头。一般猫眼上都有小遮板，关门后要盖上；

如果没有遮板，建议用纸巾堵住猫眼，需要用时再取下。如果有人敲门，通过猫眼看不到外面情况，这时需要小心，千万不要盲目开门，与前台联系告知情况。

大学生出门在外一定要注意安全和隐私，住酒店可不是拉上窗帘这么简单，每次花上十分钟检查一下，是非常有必要的。

三、离店后安全事项

住宿完离店时，应收拾好自己的行李，将卫生间、床头柜、枕头下的个人物品装好（尤其是插座上的充电器），检查贵重物品是否安全，证件是否收好。如果房间里有个人消费单据，如发票、收据、购物小票等含有个人信息的物品，要随身带走或撕碎后扔进马桶冲走，以防别有用心之人利用这类票据提取个人信息。退房前将屋内水电关闭，房卡拔出，提前准备好押金条，携带行李到前台退房。大部分酒店或宾馆退房时间是中午 12 点或下午 14 点，超过后退房时间需支付半天或一天的房费，如果下午还有旅游项目，可暂时将行李寄存在前台，拿好寄存收据或小票，离店时不要忘记寄存的行李。

离店后应记下所住酒店前台电话和房号，以防自己有东西落在房屋里，遗忘在酒店里的物品，可以请前台收好邮寄给你。

第六章 餐饮安全防护

一、公共卫生事件应对

公共卫生事件即突发公共卫生事件，2003年5月9日实施的《突发公共卫生事件应急条例》规定突发公共卫生事件是指突然发生，造成或者可能造成社会公众健康严重损害的重大传染病疫情、群体性不明原因疾病、重大食物和职业中毒以及其他严重影响公众健康的事件①。

公共卫生事件中对公众健康和社会秩序影响最大的是传染病，根据中国疾病预防控制中心的分类，我国对传染病共分为四类：甲类、乙类、丙类、其他。其中，甲类有鼠疫、霍乱；乙类有新型冠状病毒肺炎、布鲁氏菌病、艾滋病、狂犬病、结核病、百日咳、炭疽、病毒性肝炎、登革热、新生儿破伤风、流行性乙型脑炎、人感染 H7N9 禽流感、血吸虫病、钩端螺旋体病、梅毒、淋病、猩红热、流行性脑脊髓膜炎、伤寒和副伤寒、疟疾、流行性出血热、麻疹、人感染高致病性禽流感、脊髓灰质炎、传染性非典型肺炎；丙类传染病有感染性腹泻、丝虫病、麻风病、黑热病、包虫病、流行性和地方性斑疹伤寒、

---

① 《突发公共卫生事件应急条例》，中华人民共和国国务院令第376号，http://www.gov.cn/gongbao/content/2003/content_ 62137. htm。

急性出血性结膜炎、风疹、流行性腮腺炎、流行性感冒（流感）、手足口病；其他类包括寨卡病毒病、鼻疽和类鼻疽、人畜共患病、基孔肯亚热、广州管圆线虫病、阿米巴性痢疾、人猪重症链球菌感染、德国肠出血性大肠杆菌 O104 感染、美洲锥虫病、诺如病毒急性肠胃炎、颚口线虫病、西尼罗病毒、乌尔堡出血热、拉沙热、黄热病、裂谷热、埃博拉出血热、中东呼吸综合征、埃可病毒 11 型。传播途径包括接触性传播、空气传播、水和食物传播、虫媒传播等。

常见传染病防治知识

1. 鼠疫

鼠疫（Plague）是鼠疫杆菌借鼠蚤传播为主的烈性传染病，系广泛流行于野生啮齿动物间的一种自然疫源性疾病。临床上表现为发热、严重毒血症、状淋巴结肿大、肺炎、出血倾向等。鼠疫在世界历史上曾有多次大流行，1992 年全世界报告发生鼠疫的有巴西、中国、马达加斯加、蒙古国、缅甸、秘鲁、美国、越南及扎伊尔 9 个国家共 1582 例，病人大多集中在非洲，病死率为 8.7%。

鼠疫的传播方式主要有病媒生物传播、接触传播和飞沫传播。在自然疫源地，病媒生物传播是最主要的传播方式，跳蚤是传播鼠疫的主要媒介，寄生在染疫动物身上的跳蚤感染鼠疫菌后再叮咬人，即可造成人的感染。接触传播是指人在宰杀、剥皮及食肉时接触染疫动物，或接触鼠疫病人的排泄物、分泌物时，病菌通过皮肤表面伤口或黏膜进入体内而造成感染。此外，鼠疫患者呼吸道分泌物中含有大量鼠疫菌，病人在呼吸、咳嗽时释放出的病菌可以形成飞沫而短时间悬浮于空气中，此时他人吸入也可造成感染。鼠疫是古老的细菌性传染病，临床上可以使用多种有效抗生素进行治疗。病人如果能够早期就诊，并得到规范有效治疗，治愈率非常高。可疑接触者也可通过预防性服药而避免发病。良好的个人卫生习惯是做好各种传染病包括鼠疫防护最有效的措施，良好的个人卫生习惯如勤洗手，尽量避免去人群拥挤的场所，去医疗机构或个人出现发热、咳嗽等相关症状时要及时佩戴口罩等。如果怀疑自己与病例有过接触，可以进行自我观察，或向当地疾控部门主动申报，取得专业指导，一旦出现发热、咳嗽等症状时应及时就医。外出旅游时尽量减少和野生动物接触，不去逗玩健康状况不明的旱獭，做好防蚤叮咬，通过使用驱避剂、减少躯体暴露，避免被蚤叮咬，不私自捕猎、食用野生动物。

2. 霍乱

霍乱是由 O1 血清群和 O139 血清群霍乱弧菌引起的急性肠道传染病，19 世纪初至今已引起 7 次世界性大流行。进入 20 世纪 90 年代后，随着 O139 的出现，全球霍乱流行趋势更为严峻。大多数情况下，感染只造成轻度腹泻或根本没有症状，典型的症状表现为剧烈的无痛性水样腹泻，严重的一天腹泻十几次。感染霍乱后，如果治疗不及时或不恰当，会引起严重脱水导致死亡。人群普遍易感，胃酸缺乏者尤其易感。霍乱在我国的流行时间为 3～11 月，6～9 月是流行高峰。霍乱的潜伏期为数小时至 5 天，通常 2～3 天。粪便阳性期间有传染性，通常至恢复后几天。偶有携带者传染期持续数月。对霍乱弧菌有效的抗菌药物可缩短传染期。

有腹泻症状，尤其是剧烈的无痛性水样腹泻，应马上到医院就诊，并做霍乱弧菌的培养检查。与霍乱感染者一起就餐或密切接触的人也应采集粪便或肛拭检查，以确定是否感染。在霍乱疫区内或近日去过霍乱疫区，出现腹泻，应及时到医院就诊并留粪便作霍乱细菌学检查。

霍乱传染性很强，一旦发现感染霍乱，无论是轻型病例还是带菌者，均应隔离治疗。霍乱症状消失，停服抗菌药物后，连续两天粪便培养未检出霍乱弧菌者才可解除隔离。感染霍乱后不接受隔离治疗，属于违反《中华人民共和国传染病防治法》的行为，另外病人和带菌者要配合疾病预防控制中心工作人员做好流行病学调查、密切接触者的采样、家里疫点的消毒等工作。

预防霍乱的方法比较简单，主要是"把好一张口"，预防病从口入，做到五要五不要。五要：饭前便后要洗手，买回海产要煮熟，隔餐食物要热透，生熟食品要分开，出现症状要就诊。五不要：生水未煮不要喝，无牌餐饮不光顾，腐烂食品不要吃，暴饮暴食不可取，未消毒（霍乱污染）物品不要碰。

3. 新型冠状病毒肺炎

冠状病毒属于套式病毒目、冠状病毒科、冠状病毒属，是一类具有包膜、基因组为线性单股正链的 RNA 病毒，是自然界广泛存在的一大类病毒。病毒基因组 5′端具有甲基化的帽状结构，3′端具有 poly（A）尾，基因组全长 27~32kb，是目前已知 RNA 病毒中基因组最大的病毒。冠状病毒仅感染脊椎动物，与人和动物的多种疾病有关，可引起人和动物呼吸系统、消化系统和神经系统疾病。

新型冠状病毒属于 β 属冠状病毒，基因特征与 SARSr - CoV 和 MERSr - CoV 有明显区别。病毒对紫外线和热敏感，56℃30 分钟、乙醚、75% 乙醇、含氯消毒剂、过氧乙酸和氯仿等脂溶剂均可有效灭活病毒。基于目前的流行病学调查和研究结果，潜伏期为 1~14 天，多为 3~7 天；传染源主要是新型冠状病毒感染的患者，无症状感染者也可成为传染源；主要传播途径为经呼吸道飞沫和接触传播，在相对封闭的环境中长时间暴露于高浓度气溶胶情况下存在经气溶胶传播的可能，其他传播途径尚待明确；人群普遍易感。

寒暑假期间，有疫情高风险地区居住史或旅行史的学生，自离开疫情高发地区后，居家或在指定场所医学观察 14 天。各地学生均应尽量居家，减少走亲访友、聚会聚餐，减少到人员密集的公共场所活动，尤其是空气流动性差的地方。建议学生每日进行健康监测，并根据社区或学校要求向社区或学校指定负责人报告。寒暑假结束时，学生如无可疑症状，可正常返校。如有可疑症状，应报告学校或由监护人报告学校，及时就医，待痊愈后再返校。

返校途中，乘坐公共交通工具时全程佩戴医用外科口罩或 N95 口罩，随时保持手卫生，减少接触交通工具的公共物品和部位，旅途中做好健康监测，自觉发热时要主动测量体温，留意周围旅客健康状况，避免与可疑症状人员近距离接触，若旅途中出现可疑症状，应主动戴上医用外科口罩或 N95 口罩，尽量避免接触其他人员，并视病情及时就医，旅途中如需去医疗机构就诊，应主动告诉医生相关疾病流行地区的旅行居住史，配合医生开展相关调查，妥善保存旅行票据信息，以配合可能的相关密切接触者调查。

开学之后上课，学生在进入教室之前，应该主动测量体温并且佩戴口罩，座位之间保持一米以上的安全距离，在教室停留期间也要避免扎堆，宿舍内保持一个良好的卫生习惯，避免近距离接触，当然宿舍人可能比较多，所以必要的时候也要佩戴口罩，各宿舍之间不鼓励互相串门，如果有发热、乏力、干咳等症状，应该主动报告学校，并且及时就医。

就餐时，建议自备餐具，避免混用，就餐保持一些距离，可采用间隔错位就餐、分时段就餐等制度，学校也应该避免外卖入校。当然这些建议会根据疫情形势的发展进行适时的调整。

4. 艾滋病

艾滋病全称是"获得性免疫缺陷综合征"（Acquired Immunodeficiency Syndrome，AIDS），它是由艾滋病病毒即人类免疫缺陷病毒（HIV）引起的一种病死率极高的恶性传染病。HIV 病毒侵入人体，能破坏人体的免疫系统，令感染者逐渐丧失对各种疾病的抵抗能力，最后导致死亡。目前还没有疫苗可以预防，也没有治愈这种疾病的有效药物或方法。艾滋病于 1982 年定名，1983 年发现其病原体，是当前最棘手的医学难题之一。

艾滋病是一种危害大、死亡率高的严重传染病，不可治愈。感染艾滋病会给学习、生活带来巨大影响，如患者对家庭、父母心存愧疚；需要终身规律服药；精神压力增大。病毒会缓慢破坏人的免疫系统，若不坚持规范治疗，发病后病情发展迅速。发病后的常见症状包括皮肤、黏膜出现感染，出现单纯疱疹、带状疱疹、血疱、瘀血斑、持续性发热、肺炎、肺结核、呼吸困难、持续性腹泻、便血、肝脾肿大、并发恶性肿瘤等。

目前，我国青年学生中艾滋病主要传播方式为男性同性性行为，其次为异性性行为。2018 年我国报告新发现艾滋病病毒感染者/艾滋病病人 14.9 万例，其中性传播比例超过 90%。平均每小时新发现 17 位艾滋病病毒感染者/艾滋病病人。2011～2018 年，报告青年学生感染者人数占全部青年人群（15～24岁）感染者人数的比例由 10.4% 上升到 18.9%。新发现的学生感染者和病人以性传播为主，特别是同性性传播。

不能通过外表判断一个人是否感染了艾滋病病毒。艾滋病病毒感染者在发病前外表与正常人无异，绝不能从一个人外表是否健康来判断其是否感染艾滋病。一些学生由于自控力不强、疾病预防知识匮乏，无法抵御异性或同性的引诱、哄骗，与貌似健康的人发生性行为而感染艾滋病病毒。也有极个别的艾滋病病毒感染者出于各种原因，蓄意与他人发生无保护性行为，传播疾病，需要引起高度警惕。

预防知识：

学习掌握性健康知识，提高自我保护意识与技能，培养积极向上的生活方式。掌握科学的性知识，树立正确的性观念，保证安全的性行为。性既不神秘、肮脏，也并非自由、放纵。性冲动是一种正常的生理现象，是成长的必经过程。青年学生应积极接受性健康教育，丰富课余生活，提高自制力。

艾滋病目前没有疫苗可以预防，掌握预防知识、拒绝危险行为，做好自身防护才是最有效的预防手段。坚持每次正确使用安全套，可有效预防艾滋病/性病的感染与传播，选择质量合格的安全套，确保使用方法正确。艾滋病通过含有艾滋病病毒的血液和体液（精液/阴道分泌物等）传播，共用学习用品、共同进餐、共用卫生间、握手、拥抱等日常接触不会传播艾滋病，病毒在血液、精液、阴道分泌物、母乳、伤口渗出液等体液中存在量大，具有很强传染性，可以归纳为血液传播、性传播、母婴传播。日常学习生活接触不会传播艾滋病病毒，蚊虫叮咬也不会传播艾滋病病毒。

注射吸毒会增加经血液感染艾滋病病毒的风险。使用新型合成毒品/醉酒会增加经性途径感染艾滋病病毒的风险。与艾滋病病毒感染者共用针具吸毒会使病毒通过污染的针具传播。使用新型合成毒品（冰毒、摇头丸、K 粉等）或者醉酒可刺激或抑制中枢神经活动，降低自己的风险意识，性伴数量和不安全性行为的频率会增加，那么也会间接地增大 HIV 和性病传染的风险。

性病可增加感染艾滋病病毒的风险，必须及时到正规医疗机构诊治。性病病人感染艾滋病的危险更高。特别是像梅毒、生殖器疱疹和软下疳等以生殖器溃疡为特征的性病，溃疡使艾滋病病毒更容易入侵。

72 小时内使用暴露后预防用药可减少艾滋病病毒感染的风险。发生暴露后，如破损手指沾染艾滋病人的血液、同 HIV 感染者发生了无保护的性行为，可以使用暴露后预防用药。暴露后预防用药可以有效降低感染艾滋病病毒的风险。

检测与治疗：

发生高危行为后（共用针具吸毒/无保护性行为等），应该主动进行艾滋病检测与咨询，早发现、早诊断、早治疗。急性感染期传染性较强，常出现的症状有发热、头痛、皮疹、腹泻等流行性感冒样症状，但是这些症状是否出现因人而异。HIV 抗体的初筛检测结果呈阳性不能确定是否感染，应尽快到具备诊断资格的医疗卫生机构进行确诊。

艾滋病病毒窗口期是指从 HIV 感染人体到感染者血清中的 HIV 抗体、抗原或核酸等感染标志物能被检测出之前的时期。请注意，在窗口期的血液已有感染性。现有的诊断技术检测 HIV 抗体、抗原和核酸的窗口期分别为感染后的 3 周、2 周和 1 周左右。

因此，需要注意自己检测的时间要在窗口期过后。具体可咨询当地的自愿咨询检测门诊。

疾控中心、医院等机构均能提供保密的艾滋病检测和咨询服务。国务院《艾滋病防治条例》规定，国家对个人接受自愿咨询检测的信息完全保密。可以求助于最近的自愿咨询检测门诊（VCT 门诊）。卫生部门指定的自愿咨询检测门诊所提供的咨询和检测服务都是完全免费的。自愿咨询检测门诊通常设在当地疾控中心/医院/妇幼保健院。部分综合医院皮肤性病科可以进行艾滋病检测，还有一些社会组织也能够提供免费的艾滋病快速检测及咨询服务。

感染艾滋病病毒后及早接受抗病毒治疗可提高患者的生活质量，同时减少艾滋病病毒传播。一旦感染艾滋病病毒，体内病毒复制就已经开始，会逐渐损害全身多个器官，及早治疗能够抑制病毒复制，降低上述损害的发生机会，使免疫功能恢复并保持正常水平，保持较好的身体状况，减少艾滋病病毒传播。

5. 炭疽

炭疽是由炭疽芽孢杆菌（Bacillus Anthracis）引起的传染性疾病。该病是牛、马、羊等动物传染病，偶尔也可传染给从事皮革、畜牧工作的人员，该细菌由 Robert Koch 在 1877 年首次发现。炭疽杆菌的芽孢可以抵御很强的紫外线、高温等恶劣环境，在适合的环境下，芽孢会重新开始活动，变成有感染能力的炭疽杆菌。

与感染途径相对应，炭疽主要有三种临床类型：皮肤炭疽、肺炭疽和肠炭疽，有时会引起炭疽败血症和脑膜炎。其中皮肤炭疽最为常见，占全部病例的95%以上。皮肤炭疽病变多见于面、颈、肩、手和脚等裸露部位皮肤；主要表现为局部皮肤的水肿、斑疹或丘疹、水疱、溃疡和焦痂；疼痛不明显，稍有痒感，无脓肿形成。及时治疗病死率小于1%。肺炭疽初起为"流感样"症状，表现为低烧、疲乏、全身不适、肌痛、咳嗽，通常持续48小时左右。然后突然发展成一种急性病症，出现呼吸窘迫、气急喘鸣、咳嗽、紫绀、咯血等。可迅速出现昏迷和死亡，死亡率可达90%以上。肠炭疽可表现为急性肠炎型或急腹症型。急性肠炎型发病时可出现恶心呕吐、腹痛、腹泻。急腹症型患者全身中毒症状严重，持续性呕吐及腹泻，排血水样便，腹胀、腹痛，常并发败血症和感染性休克。如不及时治疗，常可导致死亡。

人类感染炭疽主要有三种途径：①经皮肤接触感染，如果皮肤接触到污染物，芽孢就会通过皮肤上的微小伤口进入体内。②经口感染，主要因摄入污染食物而感染，与饮食习惯和食品加工有关。③吸入性感染，吸入污染有炭疽芽孢的尘埃和气溶胶，可引起肺炭疽，一般情况下直接吸入感染较少见。

2001年白色粉末恐怖事件给人们留下一个印象：炭疽芽孢杆菌是不是白色的？事情并不是这样，炭疽芽孢杆菌非常小，我们看不到它。炭疽信件中的粉末状物质，起到将炭疽芽孢杆菌分散到更大范围的作用，任何轻质的细微粉末都可以起到这样的作用，并不一定是白色的。生物战剂中可能包括含有炭疽杆菌芽孢的白色粉末，但其他的致病菌也可被制成生物战剂，因此炭疽不能和白色粉末等同。

我们一般说的炭疽是指由人类接触病死动物及其制品而感染的疾病，是一种比较常见的传染病，以皮肤炭疽为主，只要早发现、早诊断、早治疗，治愈率很高，预后很好，一般不留后遗症且很少有死亡病例。这和特殊情况下的白色粉末生物恐怖袭击完全不同，所以炭疽并不可怕，这种疾病每年在我国的一些地区都有发病，是可防可治的。

人患了炭疽之后，炭疽芽孢杆菌可以通过一定途径排出体外。皮肤炭疽，在溃疡的边缘渗出物中常可分离到细菌；肠炭疽细菌大量地随粪便排出；虽然人们认为炭疽性胸膜炎主要为封闭性损伤，但很难认为这样严重的炎症不会使肺泡破溃，文献中也有肺炭疽传染他人的记载。因此，认为炭疽不发生人与人之间的传染是一种不确切的说法，只是在自然情况下，这种传染确实不多见。这是因为其他人不太容易接触到炭疽病人排出的细菌。皮肤炭疽排出的细菌量较少，而其溃疡又特别明显，人们会注意避免接触；而其他类型的炭疽发生率很低。

人与人之间少有直接传染，并不等于没有危险。病人的排出物同样能造成顽固的环境污染，而这种污染可以感染牲畜，反过来又造成人的感染。因此，在我国仍规定了炭疽病人必须隔离。隔离的目的不是阻止人与人之间的传染，而是防止污染环境引起感染以至传染扩大。炭疽病人的接触者在没有发病之前没有传染力，因此不需隔离。

炭疽是可以治疗的，作为一种细菌性传染病，使用抗生素治疗自然是首选。青霉素依然是治疗的首选药物，在大多数情况下，炭疽芽孢杆菌对青霉素没有抗药性。还有多种广谱抗生素对炭疽的治疗有效，可根据具体情况选用。皮肤炭疽的治疗不难，除了使用抗生素外，只需要简单的创面处理措施。其他类型的炭疽病情一般复杂并且较重，需要根据具体情况对症治疗。炭疽到了晚期，特别是出现全身出血症候的时候，确实很难救治。因此，炭疽病人治疗的关键在于早发现、早诊断、早治疗，任何延误都可能导致严重后果。

健康人怎样预防炭疽？最重要的一点就是不接触传染源。炭疽的传染源主要是病死动物，发现牛、羊等动物突然死亡，要做到不接触、不食用、不买卖，立即报告当地农业畜牧部门，由该部门进行处理。一旦发现自己或周围有人出现炭疽的症状，应立即报告当地卫生院或疾病预防控制机构并及时就医。注意从正规渠道购买牛羊肉制品，不购买和食用病死牲畜或来源不明的肉类。

因炭疽芽孢杆菌在世界上分布广泛，它的生长不需要特殊培养条件，因此很容易生产；炭疽芽孢杆菌在一定条件下可形成芽孢，芽孢高度耐热，在外界环境中不容易死亡，因而特别容易保存；因这种细菌存活时间长，耐干燥，也极度容易施放，特别重要的是，炭疽芽孢杆菌的污染非常难于消除，它出现在什么地方，就能给这个地方不断带来麻烦，甚至是永久性的损害，这就是恐怖分子看中炭疽的原因。

6. 登革热

登革热（Dengue Fever）是登革病毒引起的、经伊蚊传播的一种急性传染病。临床特征为起病急骤，高热，全身肌肉、骨髓及关节痛，极度疲乏，部分患者有皮疹、出血倾向和淋巴结肿大。应做好疫情监测，以便及时采取措施控制扩散。患者发病最初5天应防止其受蚊类叮咬，以免传播。典型患者只占传染源的一小部分，所以单纯隔离患者不足以制止流行。预防措施的重点在于防蚊和灭蚊。应动员群众实行翻盆倒罐，填堵竹、树洞。对饮用水缸要加盖防蚊，勤换水，并在缸内放养食蚊鱼。室内成蚊可用敌敌畏喷洒消灭，室外成蚊可用50%马拉硫磷、杀螟松等作超低容量喷雾，或在重点区域进行广泛的药物喷洒。登革热的预防接种目前还处于研究阶段，不能用于疫区。

登革热是严格的伊蚊媒介传染病，由病人/隐性感染者→伊蚊→健康人的途径不断传播，人与人之间不会直接传播疾病。登革热病人或隐性感染者被伊蚊叮咬后，病毒在伊蚊体内经8～10天的增殖后，就可以通过叮咬传播给健康人。我国不是登革热的流行国家，人群普遍易感，感染后经3～15天的潜伏期便可能发病，但也有部分人不发病（称为隐性感染者）。

我国登革热的传播媒介是白纹伊蚊和埃及伊蚊，俗称"花蚊子"。

我国传播登革热的伊蚊主要是白纹伊蚊，分布在南起海南，北至辽宁南部，西至陕西宝鸡的辽阔地域。与人们的活动时间一致，日出前后和日落时分是它们叮咬的高峰时段，可谓"日出而作，日落而息"。白纹伊蚊的幼虫喜好洁净的水，社区内的树洞、石穴、积水轮胎，废弃的碗、盒，存接水的瓶瓶罐罐，丛生植物的叶腋等，都是它们繁衍后代的温床。

埃及伊蚊在我国主要分布在海南省沿海市县及火山岩地区、广东省雷州半岛、云南省的边境地区和台湾南部，尽管分布局限，但它对登革热的传播能力强于白纹伊蚊。埃及伊蚊除了在早晨和近黄昏是叮咬高峰外，整个白天都会活跃地吸血。与白纹伊蚊相比，埃及伊蚊更喜欢与人类共居一室，饮用贮水缸、水培植物、花盆托、腌菜坛、饮水机等都是它们繁衍后代的温床。

白纹伊蚊多栖息在滋生场所附近，在室外主要栖息在阴暗避风处，如缸、罐、坛的内壁，工地积水的基槽内壁；在室内则倾向于停留在墙上、桌椅和床下、悬挂的衣服上等。

埃及伊蚊是典型的"家蚊"，主要栖息在室内避风阴暗处，如水缸脚、碗柜背后、卧室床底、墙角、蚊帐等处，有汗渍的黑衣服更受它们的喜爱。

去登革热流行区时如何预防登革热？首先要尽量选择浅色长袖衣裤，使用蚊虫驱避剂等产品，避免被蚊虫叮咬；安装纱门、纱窗，出门前可以在酒店房间使用蚊香、灭蚊气雾剂等，哪怕是高档酒店也要注意室内灭蚊。如果在逗留期间出现可疑症状，需要及时就诊并主动说明登革热可能。返回本地后，如果2周内出现发热，要及时就诊并说明外出史，为了不将疾病传播给家人，请配合当地卫生部门，住院隔离治疗。

伊蚊喜欢在人类家中和附近栖息，为了减少滋生，我们应该采用多种手段清除滋生地：封盖水缸、水封下水道或安装防蚊装置、密封有用的器皿；填平洼坑、废用水塘、水沟、竹洞、树洞；疏通沟渠、岸边淤泥和杂草；排清积水，清除小容器垃圾，如垃圾塑料薄膜袋、废用瓶罐、易拉罐等；翻盆倒罐，清理住家及周围各类无用积水；保持住家及周围环境卫生整洁，清除各种卫生死角和垃圾；人、畜饮用水容器或其他有用积水容器5~7天彻底换水一次；家中减少种养水生植物，已种养的容器5~7天彻底换水一次；住家及周围景观水体，可放养观赏鱼或本地种类食蚊鱼；住家周围外环境植被可用敏感公共卫生杀虫剂。

7. 血吸虫病

血吸虫病（Schisosomiasis）是由血吸虫的成虫寄生于人体所引起的地方性疾病，主要流行于亚洲、非洲、拉丁美洲的73个国家，患病人数约2亿。人类血吸虫分为日本血吸虫（S. japonicum）、埃及血吸虫（S. haematobium）、曼氏血吸虫（S. mansoni）与间插血吸虫（S. intetcalatum）四种。日本血吸虫病分布于中国、日本、菲律宾、印度尼西亚、泰国等亚洲地区和国家；埃及血吸虫病分布于埃及、中东、西非、中非、东南非、巴西、委内瑞拉和一些加勒比海岛屿；曼氏血吸虫病分布于亚洲、中东、印度等地区；间插血吸虫分布于中非西部、刚果（金）、喀麦隆等国家和地区。我国流行的只是日本血吸虫病

（简称血吸虫病）。

血吸虫病是一种严重危害我国人民身体健康的主要寄生虫病。从西汉古尸发现的血吸虫感染者来算，已有2000多年的历史。中华人民共和国成立前，许多人惨遭血吸虫病的危害而丧生，有的村舍也因血吸虫病而被毁灭。患血吸虫病的病人，早期可能不出现症状，或者出现腹痛、腹泻、大便带血和乏力等症状，但是，一般没有引起人们的重视，如果得不到及时检查和治疗，天长日久，重复感染，就会逐渐形成慢性晚期血吸虫病；小孩患了血吸虫病则影响生长发育，长不高，智力低下，看起来就像小老头一样；妇女患了血吸虫病则月经不调，影响生育，并缺乏生活乐趣；如果发展成晚期血吸虫病，则腹腔里就会长腹水，肝脾肿大，表现出肚大如鼓，骨瘦如柴，有的还会大呕血，真是吃得做不得，严重影响劳动生产和生活。血吸虫病的危害性就是影响生命、生产、生活、生长、生育之"五生"。

人、畜接触了含有血吸虫尾蚴的水，尾蚴就会很快钻进人、畜体内，经过37天左右发育成血吸虫成虫，寄生在肠系膜血管里，以吸血维持生命。

雌虫在肠系膜静脉的血管里产卵。卵内含有毛蚴，每条雌虫每天产卵1000个左右，卵很小，要用显微镜才能看见。卵会放出毒素，影响健康；卵随血流到肠壁，能使肠壁破溃而进入肠腔内，随大便排出。

含有血吸虫卵的大便污染了水源，在水温大约25℃情况下，经4小时左右虫卵内毛蚴破壳而出，在水中快速游动，遇到钉螺，很快就会钻入钉螺内，在钉螺体内不断繁殖，形成大量尾蚴。含有尾蚴的钉螺遇水，尾蚴就不断逸入水中，人、畜下水接触到尾蚴而受感染，这样就得了血吸虫病。血吸虫就这样周而复始地循环生存，不断地危害着人民的生命与健康。

在疫区洗手、洗脚、洗脸、玩水、捉鱼，在有螺草地开展文娱活动都是有风险的。非疫区人员多是易感人群，为避免感染血吸虫病，凡到疫区旅游、打工、休闲或垂钓的人员，应了解当地是否是血吸虫病疫区，如果是疫区应尽量不要接触疫水，而一旦接触疫水1个月内出现原因不明的发热症状，应考虑是否患了急性血吸虫病，要及时检查诊断、治疗，即使没有得急性血吸虫病，如果有不明原因的发热等症状，也应当检查一次。当地政府、有关部门在疫区开发旅游项目，如"农家乐"、水上娱乐（餐厅）、垂钓、兴建码头等，一定要做好管理防范工作，设置警示标志，避免游客和工作人员接触疫水而感染血吸虫病。

8. 疟疾

疟疾是由疟原虫引起的疾病。蚊子是传播疟疾的元凶。带有疟原虫的蚊子叮咬人体后，把疟原虫注入人体，10～20 天后就会发病。发病前往往有疲乏、不适、厌食等症状，发病时经历发冷期、发热期、出汗期和间歇期四个阶段。

疟疾的传播媒介是按蚊。按蚊叮刺吸入患者或带虫者的血后，再叮刺吸入正常人的血时，就将疟原虫传给了后者。疟疾的流行与当地的温度、雨量是否适合蚊虫和疟原虫的发育、繁殖关系密切。疟疾流行的季节往往气候温暖、雨量较多，蚊虫能大量繁殖。非疟疾流行区的人对疟疾抵抗力弱，当进入流行区时易感染疟疾。流行区的患者或带虫者进入非流行区时易传播疟疾。所以，人口流动容易造成疟疾的传播。另外，还可因胎盘受损或在分娩过程中，患疟疾或带疟原虫的母体的血污染胎儿伤口，由母体传给胎儿，造成先天性疟疾。

非洲和东南亚是疟疾高度流行区，出国前应当了解目的地的疟疾流行状况，做好个人防护准备。重症疟疾危及生命，去疟疾流行区旅行后出现发冷、发热、出汗等不适症状应及时就医，就医途中要做好个人防护，佩戴医用外科口罩。入境和就医时应主动告知旅行史。疟疾患者应按照医嘱全程、足量服用抗疟药。

9. 感染性腹泻

感染性腹泻广义系指各种病原体肠道感染引起的腹泻，这里仅指除霍乱、细菌性和阿米巴性痢疾、伤寒和副伤寒以外的感染性腹泻，为《中华人民共和国传染病防治法》中规定的丙类传染病。这组疾病可由病毒、细菌、真菌、原虫等多种病原体引起，其流行面广，发病率高，是危害人民身体健康的重要疾病。

与旅行行为相关的腹泻性疾病统称为旅行者腹泻。旅行者腹泻的主要症状包括每天排便三次或三次以上，大便不成形，以水样便为最常见形式；同时伴有腹痛、恶心、呕吐等胃肠道症状。

导致旅行者腹泻的原因有致病性的病原体，如细菌、病毒、寄生虫和真菌是导致旅行者腹泻的主要原因。另外，天气的骤然变化也可能导致腹泻。通常情况下，旅行者可能通过饮用被细菌、病毒、寄生虫和真菌等病原体污染的水和食物而感染。另外，也可能通过与动物的密切接触而感染。

预防旅行者腹泻应做到不喝来源不明的水，喝煮开的水，避免食用冰块。尽量不吃凉菜，不吃路边摊。水果要用干净的水冲洗干净，并甩干表面的残余水，或者去皮后食用。勤用肥皂和水洗手，特别是在进食前及使用厕所后；如果没有肥皂和水，应使用免冲洗的洗手液。某些腹泻可以通过使用疫苗进行预防。如果在旅行中发生腹泻，需尽快去正规医院就诊。

10. 流行性感冒

流行性感冒简称流感，是由甲、乙、丙三型流感病毒分别引起的急性呼吸道传染病。甲型流感病毒常以流行形式出现，引起世界性流感大流行。乙型流感病毒常常引起流感局部暴发。丙型流感病毒主要以散在形式出现，一般不引起流感流行。人患流感后能产生获得性免疫，但流感病毒很快会发生抗原性变异从而逃逸宿主免疫。人的一生可能会多次感染相同和（或）不同型别的流感病毒。

流感一般表现为急性起病、发热（部分病例可出现高热，达 39～40℃），伴畏寒、寒战、头痛、肌肉和关节酸痛、极度乏力、食欲减退等全身症状，常有咽痛、咳嗽，可有鼻塞、流涕、胸骨后不适、颜面潮红、结膜轻度充血，也可有呕吐、腹泻等症状。

轻症流感常与普通感冒表现相似，但其发热和全身症状更明显。重症病例可出现病毒性肺炎、继发细菌性肺炎、急性呼吸窘迫综合征、休克、弥漫性血管内凝血、心血管和神经系统等肺外表现及多种并发症。[1]

每年接种流感疫苗是预防流感最有效的手段，可以显著降低接种者罹患流感和发生严重并发症的风险。奥司他韦、扎那米韦、帕拉米韦等神经氨酸酶抑制剂是甲型和乙型流感的有效治疗药物，早期尤其是发病48小时之内应用抗

---

① 中国疾控中心网站，http://www.chinacdc.cn/jkzt/crb/bl/lxxgm/zstd/201811/t20181105_196877.html（未删减）.

流感病毒药物能显著降低流感重症和死亡的发生率。抗病毒药物应在医生的指导下使用。

此外，保持良好的个人卫生习惯是预防流感等呼吸道传染病的重要手段，包括：勤洗手；在流感流行季节，尽量避免去人群聚集场所；出现流感症状后，咳嗽、打喷嚏用纸巾、毛巾等遮住口鼻然后洗手，尽量避免触摸眼睛、鼻或口。家庭成员出现流感患者时，要尽量避免相互接触，尤其是家中有老人与慢性病患者时。

11. 诺如病毒急性胃肠炎

诺如病毒是引起急性胃肠炎暴发的最常见病原体。诺如病毒分为 5 个基因组，可感染人的有 G I 、G II 、G IV 三组，每组有多个基因亚型。每隔几年就会出现新变异株，并引起全球性胃肠炎的流行。诺如病毒急性胃肠炎具有发病急、传播速度快、涉及范围广等特点，多在冬季暴发流行。诺如病毒传染性强，以粪—口途径传播为主，也可通过密切接触或气溶胶传播，常在学校、托幼机构、养老院、医院、工厂及社区等场所暴发疫情。

诺如病毒感染最常见的症状是恶心、呕吐、腹泻和腹痛等。虽然传染性较强，但病程较短，预后良好。诺如病毒感染的潜伏期通常为 24～48 小时，最短 12 小时，最长 72 小时。诺如病毒胃肠炎一般以轻症为主，最常见症状是呕吐和腹泻，其次为恶心、腹痛、头痛、发热、畏寒和肌肉酸痛等。成人和儿童诺如病毒急性胃肠炎症状有所区别，儿童以呕吐为主，成人则腹泻居多。诺如病毒胃肠炎一般为急性起病，属于自限性疾病，多数患者发病后 2～3 天即可康复。但对于婴幼儿、老人，特别是伴有基础性疾病的老人，诺如病毒胃肠炎可导致脱水等较严重的症状。

诺如病毒是一种传染性很强的病毒，诺如病毒胃肠炎患者的粪便和呕吐物中含有大量的病毒，处置不当很容易造成感染，主要通过粪—口途径传播，包括摄入患者粪便或呕吐物产生的气溶胶，或者摄入粪便或呕吐物污染的食物或水，以及间接接触被粪便或呕吐物污染的环境物体表面都可能感染诺如病毒。

诺如病毒胃肠炎患者不需服用抗生素，而应及时补充水分以防止脱水。服用口服补液盐（ORS）能帮助患者补充水分和平衡电解质。呕吐或腹泻症状严重时应及时就医。

目前，针对诺如病毒尚无特异的抗病毒药和疫苗，其预防控制主要采用非药物性预防措施。保持良好的手卫生是预防诺如病毒感染和控制诺如病毒传播最重要和最有效的措施。饭前便后应按照6步洗手法正确洗手，用肥皂和流动水至少洗20秒。需要注意的是，消毒纸巾和免冲洗的手消毒液不能代替洗手（按标准程序）。当进行下列操作后请洗手：使用洗手间，换尿片，照顾病人，接触动物或清理动物粪便，处理未熟的食物，揩鼻涕、咳嗽或打喷嚏，处理垃圾，使用公共交通工具或设施等。当进行下列操作前请洗手：准备或分发食物、进餐、照顾病人等。如果家人感染诺如病毒，患者应尽量不要和其他健康的家人近距离接触，尤其不要去做饭或照顾老人和婴幼儿。认真清洗水果和蔬菜，正确烹饪食物，尤其是食用贝类海鲜等高风险感染诺如病毒的食品应保证彻底煮熟。诺如病毒胃肠炎病人患病期间最好居家主动隔离至症状完全消失后又2天（因为症状完全消失后患者还有少量排毒），避免传染给其他人，尤其是从事服务行业人员和集体机构人员，如厨师、护工、学校和幼儿园教师。发生诺如病毒胃肠炎聚集性或暴发疫情时，应做好全面消毒工作，重点对患者呕吐物、粪便等污染物污染的环境物体表面、生活用品、食品加工工具、生活饮用水等进行消毒，最常用的是含氯消毒剂。

（摘自中国疾病预防控制中心网站，http://www.chinacdc.cn/jkzt/crb/，有删减）

二、饮食安全措施

（一）旅游饮食安排

前述内容已论及，团队出游的行程路线、住宿酒店、三餐餐食标准及地点均是已确定的，在和旅行社、OTA 购买旅游产品时，应注意外出旅游期间每天三餐是否包含在团费里，如有疑问，应在签署合同前向旅行社提出。如某旅行社销售的"苏州＋乌镇＋杭州3日2晚跟团游"产品中，团队只免费提供每日的午餐（3次），2次早餐是由入住酒店提供（第一日早餐不含），2次晚餐是由个人解决（第三日晚餐不含）。午餐一般安排在中午12点左右，用餐时间约45分钟到一小时，多是品尝地方特色餐饮，有的团队游产品会将参考菜单列出，并随桌赠送时令水果盘、酒和饮料，通常团队游午餐为十人一桌，人数减少可能调整份数，团队用餐一般不用不退。晚餐一般安排在17：30～18：30，多为游客自由品尝当地特色小吃，结合白天行程和游客身体条件，用餐完后会有游憩类、夜游类、演出类活动，如夜游西栅、夜游秦淮河、观赏《宋城千古情》演出等，夜间游览项目结束后返回驻地酒店休息。

自由行或自助出游的群体，旅游期间的饮食完全由自己安排，可根据自己的口味和经济条件任意选择酒店用餐、小吃街用餐、西餐厅用餐、快餐店用餐等形式。在驻地酒店用餐是最便捷的方式，一般快捷酒店提供的餐食种类少、口味单一，很难满足大学生旅游群体的味蕾，商务酒店或度假酒店、高星级酒店在酒店客房楼层下设有独立餐厅，住客可选择前往用餐或打电话订餐由服务人员送至房间食用。在当地著名的小吃街或美食街用餐是大学生出游时经常选择的用餐方式，如去北京出游时选择南锣鼓巷、簋街，去西安出游时选择回民小吃街，去上海选择城隍庙，去成都选择锦里，去武汉选择户部巷，去澳门选择官也街，去兰州选择正宁路小吃街等。甚至有学生根据《舌尖上的中国》、娱乐节目等寻找当地"美食名店"，大有一番"到某地必吃某美食"的气势。但是根据美团、大众点评等网站的用户评论，"当地名吃"一般评分并不高，甚至很低，因为该美食因食材、口味、做法等在获得全国网络关注、博得满堂喝彩后往往店面会人满为患，店家在获得利润后会迅速扩张店面，在食材、制作步骤和定价上往往会让食客失望，尤其是当地普通百姓和游客会对这种店面产生强烈反感。因此，大学生应在网络上多搜寻当地的美食推荐及评价，除著名小吃街外，多搜寻隐藏在普通巷子里和街道拐角的店面，可能会有意想不到的结果。

在进行户外运动时，要通过合理的膳食搭配来获得充足的营养，保证身体的能量补充，从而达到强身健体的目的。在户外主食是必需品，可选用面包、发糕等发酵程度较高的食品，也可以为了方便携带馒头、饼、压缩饼干等食物。户外途中忌吃太饱，吃得过饱会导致在下半程运动中肠胃疼痛。可选择少食多餐法则，不一定非要中午吃一顿正餐，可选择在上午十点左右、下午三点半左右在中途小憩时加高糖的路餐，如香蕉、巧克力饼干等。配餐可选择熟食类的鱼肉、蔬菜和水果保证营养均衡，不能过量食用。户外忌食用不易消化的食品，如炸肉、豆腐、西兰花、柑橘、橙子等，油炸类食品不易消化，豆腐对于野外起灶的同学来说是常见食材，但是豆类食品大多不易消化，柑橘、橙子虽然携带、食用方便，但这类水果也不易消化。如果时间、地点允许，可在餐后小憩半小时左右，舒缓精神、恢复体力后再继续行程。

在户外，碳水化合物比蛋白质、脂肪能更直接快速地提供能量而且容易消化，所以户外运动时首先要补充碳水化合物，即米面类食物，炒面、糌粑、炒米、麦片、烙饼、锅盔、馕等都是不错的补充食物；脂肪与蛋白质可选择炒黄豆或蚕豆，蛋白质和脂肪含量高，可以随时进行能量补充，花生仁也是补充能量的优选，为了方便可选择超市里真空包装的那种，既补充能量，又能为户外艰苦运动带来一丝滋味，香肠也可以补充蛋白质、脂肪、盐分，而且容易携带、保存。维生素可通过洋葱、白葱、大蒜、辣椒酱、红枣等补充。洋葱富含维生素和微量元素，便于携带保存，还可以生吃，并且具有增强抗感冒能力的功能；干辣椒或酱辣椒都能满足长时间贮存的要求，且能提味道；大蒜具有强力杀菌、抗病毒的作用；红枣或干枣富含糖类、脂肪、蛋白质、维生素，且携带方便。

在户外要准备足够的水，大量运动出汗后导致身体缺水可能引起中暑、肾衰竭等严重后果，甚至会有生命危险。平常情况下，一个人一天应该补充1.2升水，在户外运动剧烈、太阳暴晒情况下，应补充更多水量才能满足身体需要。可携带白开水、矿泉水、纯净水，或者野外的泉水，不要等口渴了再喝水，坚持每半小时喝一次，每次饮用150~200毫升即可，不能一次性喝太多。如果喝水少，人体会将尿液中的水分再次吸收，导致排尿量少、发黄，时间长了会导致肾出现问题。人体出汗后会使钠大量排出，在天气炎热、长期大量出汗情况下需要补充盐分，可通过食用榨菜来解决。运动饮料的效果没有广告中宣扬的那么好，一瓶运动饮料提供的能量及电解质是很少的，用运动饮料来保持体力是不可取的，长期喝功能性饮料，会导致体内水分平衡系统混乱。在体能补给上，巧克力、红牛等都是不错的选择，既能抗疲劳，又容易携带。当然条件允许的话还可以携带一些水果，如黑布林（黑李子），既能缓解胃酸缺乏、肚腹饱胀、便秘，又能清肝利水、祛痰止咳、生津止渴、清肝除热。

户外野营、长途跋涉可携带炉具、锅具，锅具可选择钛合金、不沾铝、硬质电镀铝、不锈钢等材质，根据自己的行程和户外环境选择出具材质和大小、炉具尺寸、燃料种类等。

（二）安全饮食原则

外出旅游途中应保持良好卫生习惯。不喝生水，勤洗手，没有水源的话可携带消毒湿巾擦手，如出现发热、呕吐、腹泻、皮疹等症状应及时就近就医，切勿带病旅游，以免有生命危险。

外出旅游途中应做好个人防护措施。如去雨林、草原地区旅游，建议穿着长袖上衣和长裤，用长筒袜扎紧裤腿、手套扎紧袖管，忌穿凉鞋，用防虫剂等涂抹皮肤裸露处；不要捡拾动物尸体，不要接近刺猬、野狗、鼠类、蛇类、鸟类等动物；对于外形奇特的生物不要触碰，不要直接在草地、树林等环境中坐卧。一旦发现被蚊虫、蜱虫叮咬，尽快就近到医院处理；旅途结束后若出现身体不适应尽快就医，并告知医生去过哪些地方，是否被蚊虫叮咬。

外出旅游途中应养成良好饮食习惯。外出就餐应选择正规餐饮门店，查看营业证照是否齐全（上墙）、环境是否整洁，尽量不要选择环境脏乱、蝇虫漫天的餐饮单位，路边露天摊点也尽量保持警戒。就餐前注意检查餐具是否洁净、有无残留物，上菜后食物感观是否异常、是否新鲜、是否烧熟煮透，禁食来源不明的食物，少吃、不吃生冷食物，不饮生水。到民俗村、农家乐时要注意饮食卫生安全，不要选择无照经营餐饮单位，不要食用无安全保障的食品，严禁食用河豚等有毒有害食物，不吃或少吃生食水产品，慎重选择熟卤菜、凉菜冷食等高风险食品。不采摘、不购买、不食用野菜、野生蘑菇等食材，尤其是不常见的物种，以免发生食物中毒。食用羊、牛、骆驼等鲜奶制品应加热充分灭菌后食用。外出购买食品或就餐应选择证照齐备的经营单位并索要正规发票或收据，一旦出现发热、呕吐、腹泻等情况尽快就医，保留病历、化验报告、消费凭证、票据等相关资料和剩余食品，可拨打12331向当地食药监管部门举报。如怀疑食物中毒，应立即停止食用可疑食品。用筷子或手指压舌根部，轻轻刺激咽喉引起呕吐，用催吐法吐出疑似有毒食物。可以大量喝淡盐水用来稀释毒素。及时就近就医，如果方便，要保留好可疑食物、呕吐物供化验使用。

第七章　旅游目的地游览安全防护

一、市区景点游览安全

《旅游资源分类、调查与评价》（GB/T 18972—2017）将旅游资源共分为八大主类：地文景观、水域景观、生物景观、天象与气候景观、建筑与设施、历史遗迹、旅游购品、人文活动。因形成原因不同，有些旅游资源远离城市和乡村，如地质构造、地表形态、野生动物栖息地，这些景区可能距离旅游集散地几十千米甚至上百千米，武陵源、青海湖、张掖丹霞地质公园均属此类；另一些旅游资源如历史遗迹、人工建筑、节庆活动等因与人类活动密切相关，很多处于城市建成区内或周边，如天安门广场、上海城隍庙、广州塔、宽窄巷子、黄鹤楼等。

市区景点游览可采用链型旅游模式，从驻地酒店出发，将要游览的景点连成一串，再由最后游览景点返回驻地酒店。如在重庆市区旅游可先前往沙坪坝嘉陵江畔的千年古镇磁器口，距主城区仅3千米左右，游览一小时后前往参观渝中区化龙桥附近的红岩村，八路军驻渝办事处、红岩革命纪念馆等红色旅游景点均在此处。由红岩村乘车经沙滨路可到达李子坝轻轨穿楼观景平台，在此可拍下网红的"轻轨穿楼"奇观。临近中午可乘车前往观音桥步行街，此处是集购物、休闲、餐饮、娱乐于一体的商业街，可在此享用重庆特色美食。午餐过后前往江北嘴CBD地区，可参观重庆大剧院、重庆科技馆外景、洪崖洞民俗风貌区。下午乘坐长江索道至新华路可观看湖广会馆（又名禹王庙），其中的"巴渝记忆"演出最为著名。下午可游览重庆环球金融中心，登至会仙楼观景台俯瞰两江交汇及渝中半岛盛景，晚上可自行前往解放碑步行街或洪崖洞民俗风貌区。上述景点可根据自己游览兴趣和精力选择游览，不论是否删减景点，均可形成链型闭环旅游线路。

处在城市建成区或周边的景区、景点一般都会有城市交通连接景区与市区商业中心和交通集散中心，如颐和园地处北京四环与五环之间，北京西站、北京站、天安门广场、国贸等地均可乘坐公交车或地铁到达颐和园景区，末班公交和地铁基本在22：00～23：00，所以在游览市内景区时应注意游览时间，尽量在末班公共交通前返回驻地酒店。

大部分景区在主入口处或售票处都会有导览图和游客须知，在景区内交叉路口也设置各种指示牌，这些都标明了游客当前位置及周边景点和服务设施。导览图有一个版面的，也有两个或多个版面的。一般包含景区或当前区域的中英文翻译名称、区域性游览图、游客当前所在位置、周边景点和服务设施的位置等要素。

在游览景区时，应遵守景区安全管理规定和秩序，在景区内照顾好自己的人身安全，保管好自己的随身物品；乘坐观光车、索道、扶梯时上下车有序，不得抢位、抢道、插队，自觉维护景区旅游秩序，以确保人身安全；禁止在狭窄危险路段（桥、索道等）休息、拍照，以免造成拥堵、发生意外；游览时应遵守景区安全提示，多留意身边标志牌，尽量按景区划定的线路游览，严禁进入非开放区域；不要在景区内攀爬假山岩壁、高大树木或翻越护栏，不要在景区河湖里游泳，禁止攀折景区内树木；如果景区内禁止使用明火，则不得进行野炊活动；禁止携带有毒有害、易燃易爆物品乘坐交通工具、进入景区、乘坐索道和观光车；不能在索桥、吊桥、索道上嬉戏、打闹；如果使用无人机拍照，应征得景区管理部门同意；遇到湿滑路面，在游览时更应注意安全。

二、野外游览安全

（一）天气判断

1. 相关术语解释

气候是指某地区经过多年观察所得到的概括性的气象情况，如我国大部分地区冬冷夏热，西北地区气候干燥、昼夜温差大于东南地区。它与气流、纬度、海拔、地形等有关。气候变化是指某地区长时期内气候状态的变化，通常用不同时期的温度和降水等气候要素统计量的差异来反映，时间跨度可由几年到成百上千年甚至几十亿年。

气象是指发生在天空中的风、云、雨、雪、霜、露、闪电等一切关于大气的自然现象。

天气是指某地区对流层内在短时间的具体状态和各种自然现象的综合，是瞬时内各种气象要素（如温度、湿度、气压、云、雾、雨、闪电、风、雪、雷、雹、霜、霾等）空间分布的综合表现。

天气系统是指具有一定的温度、气压或风等气象要素空间结构特征的大气运动系统，如高压、低压、高压脊、低压槽、气旋、反气旋、切变线等。不同的气压、风、温度及气象要素之间配置关系不同可导致不同的天气系统，空间范围不同，时间长短也不同。

2. 中国气候概述

中国属于大陆性季风气候，冬季我国在同纬度是较冷的地区，夏季又是同纬度较热的地区，年温差较大，受季风影响，我国大部分地区降水的年际变化和季节变化较大，具有显著的大陆性季风特点。同样是受季风影响，我国大部分地区雨热同期，夏季除青藏高原和部分高山外普遍高温，加之海陆热力性质差异较大，使东部地区降水多。由于我国幅员辽阔、地形复杂多样，导致气候也复杂多样，纬度地带性、干湿地带性和垂直地带性均比较丰富、发达，自北向南有温带季风气候、温带大陆气候、高原山地气候、亚热带季风气候、热带季风气候。

秦岭—淮河线是 1 月多年平均气温 0 摄氏度线，此线以北，1 月平均气温低于 0 摄氏度，最低出现在大兴安岭、天山地区，青藏高原虽然海拔高，但受冬季风影响较小所以并不是温度最低的地区，海南省南部地区温度最高，所以我国北方出游群体在冬季喜欢到海南省三亚旅游、度假；7 月南方因为太阳高度角大、北方因为日照时间长，导致全国高温，青藏高原地区因为海拔高而气候凉爽，所以夏季全国的出游群体喜欢到西北地区避暑。

海陆热力性质差异形成季风，夏季时陆地升温快形成低压，海洋升温慢形成高压，气流从海洋吹向陆地形成湿润的夏季风；冬季正好相反，气流从陆地吹向海洋，形成干冷的冬季风。在 1 月，暖湿的海洋气团登陆华南地区，此时干冷的大陆气团还没有消退，当冷暖气团相遇时就形成降水，2~6 月海洋气团占据了大兴安岭—阴山山脉—贺兰山—乌鞘岭—巴颜喀拉山—唐古拉山—冈底斯山连线的东南地区，即季风区与非季风区的分界线，与 400 毫米等降水量线也基本重合。7~8 月夏季风势力达到最大，各地降水量也达到一年中最大值。随后冬季风势力重新增长，直到 12 月基本将夏季风压制到最弱。

我国长江及以南地区降雨量大，尤其是在夏季长江流域干流和支流同时进入汛期，导致流域内防洪压力增大，1998 年长江洪水给受灾当地带来巨大经济损失，也导致当地旅游业发展受洪水影响深重。

3. 常见天气符号

天气符号是气象部门为了让普通大众更好地了解天气状况，传递气象信息，用简单的图形符号来表示当时或今后一段时间的天气状况（见表 7-1）。

表 7-1　常见天气符号

序号	名称	定义	图标
1	晴	天空云量不足三成	

续表

序号	名称	定义	图标
2	多云	天空云量占三至八成	
3	阴	天空云量占九成或以上	
4	小（阵）雨	日降雨量不足10毫米	
5	中雨	日降雨量10.1~24.9毫米	
6	大到暴雨	日降雨量50.0毫米以上	
7	雷阵雨	忽下忽停并伴有电闪雷鸣的阵性降水	
8	小雪	日降雪量（融化成水）不足2.5毫米	
9	中雪	日降雪量（融化成水）2.6~4.9毫米	
10	大到暴雪	日降雪量（融化成水）达到或超过5.0毫米	
11	冰雹	雹核随积雨云上升凝结下降融化，变为透明层和不透明层相间的小冰块降落	
12	霜冻	温度低于0℃的地面和物体表面上有水汽凝结成白色结晶	
13	雾	贴地层空气中悬浮大量水滴或冰晶微粒	
14	冻雨	雨滴冻结在低于0℃的物体表面的地面上，又称雨凇	
15	霾	空气中悬浮着大量烟尘而混浊	
16	扬沙	风将地表沙尘吹起，能见度1~10千米	

续表

序号	名称	定义	图标
17	浮沉	细沙、尘土浮于空中，能见度小于1千米	
18	沙尘暴	强风将尘沙吹起混在空气中，能见度小于1千米	
19	强沙尘暴	空气十分浑浊，能见度小于500米	

资料来源：http://www.cma.gov.cn/kppd/qxkppdqxcd/201301/t20130109_201565.html.

　　除此之外，在天气预报讲解中，有时还会提到冷锋、暖锋、气旋、反气旋、高气压、低气压等概念，冷锋是冷气团主动向暖气团移动的锋面类型，过境时刮风下雨、气温降低，过境后气温下降、气压升高、天气转晴；暖锋是暖气团主动向冷气团移动的锋面类型，过境时多为连续降水，过境后气温上升，气压下降，天气转晴。气旋是同一高度上中间气压比四周低的旋涡，北半球做逆时针旋转，南半球相反，又称低压，控制下多降水天气；反气旋是同一高度中间气压比四周高的旋涡，北半球做顺时针旋转，南半球相反，又称高压，控制下多晴朗天气。

　　4. 小气候与局地天气

　　上述天气变化是在大环境背景下的天气要素各种组合，但是在野外旅游也要考虑小环境、小地形单元的影响，即要考虑局地小气候影响。受地形、下垫面性质、海拔、坡度和坡向影响，一些小范围区域的气候特征和背景区域范围的气候特征有明显差异，最常见的是山谷风、海陆风、地形雨、焚风、峡谷风、城市热岛效应等。

　　山谷风是指白天山体表面受热快气流上升，形成从山谷吹向山坡的风，晚上山体表面降温快形成山坡吹向山谷的风。

　　海陆风是指在海滨地区，白天近地面风从海上吹向陆地（陆地升温快，气流上升），晚上近地面风从陆地吹向海洋（海洋温度高，气流上升）。

　　地形雨是指暖湿气流沿山坡抬升、温度降低而形成的降水现象，降水多发生在迎风坡。气流在翻过山顶后向背风坡移动，随着海拔降低温度升高，加上湿度减少，形成"焚风"，导致背风坡降水少，称为"雨影"区域。在我国山脉东南坡为迎风坡，降水多，植被生长好；西北坡为背风坡，降水少，植被生长与迎风坡相比较稀疏；西南地区因受西南夏季风影响，西南坡为迎风坡。

峡谷风是指当气流从开阔地带向峡谷地带流入时，因为峡谷对峙空气无法堆积，导致气流加速通过峡谷，风速增大，形成"狭管效应"。

城市热岛效应是指大城市里因大量的建筑物和道路分布、高密度人类活动，绿地面积小等因素导致城区温度升高且明显高于外围郊区的现象。城区温度升高气流上升，郊区温度低气流下降，导致形成近地面风从郊区吹向城市、高空由城市吹向近地面的环流。

5. *户外观测天气方法*

在户外旅游、探险时，因受位置偏远、网络信号弱影响，我们可能无法第一时间了解当地天气情况，公共气象服务功能有时无法正常使用。更重要的是，户外活动地点多在离城市较远的山区、河谷、沙漠地带，受地形、位置、海拔、下垫面性质影响，局部小气候和背景大气候可能会有很大差异，因此在户外要根据当地的天气要素变化来判断天气短时变化。

（1）观云识天气。云是天空中最常见的自然现象，是近地面水蒸气上升，由于温度下降使空气中水汽达到饱和而发生凝结的自然现象。不同高度、不同空气温度和不同类型的上升运动会产生不同湿度、不同形态、不同高度的云。根据1956年世界气象组织公布的云图分类体系和我国的分类标准，根据云的形态、颜色、排列状况、透光程度和云的变化等将云分成三族十属二十九类，即高层云、中层云、低层云三族，积云（Cu）、积雨云（Cb）、层积云（Sc）、层云（St）、雨层云（Ns）（低层云族），高积云（Ac）、高层云（As）（中层云），卷云（Ci）、卷层云（Cs）、卷积云（Cc）（高层云）十属，如表7-2所示。通过云层形态等特性可以大致预测天气短期内的变化。

简单来说，团状云属于积云、片状分层的为层云、羽毛、纤维状的为卷云，除了观察云的形态和变化外，还有众多谚语可供参考。

"早霞不出门，晚霞行千里"——夏季早上有红色朝霞，表示大气中的水汽和小水滴增多，随着温度升高，热力对流逐渐向地表发展，云层越来越密，降雨天气将临近；晚霞主要是由尘埃等散射阳光形成，表示西边天气干燥，未来降雨概率小，红色、金色晚霞表明大气稳定度向好。

表7-2　常见云层种类及天气预示

	名称	积云（Cu）	积雨云（Cb）	层积云（Sc）
低层云	征兆	可分为浓积云、淡积云、碎积云等，似蓬松状棉絮，会有零星降雨或雷阵雨	可分为秃积雨云和鬃积雨云，颜色灰白，多伴有雷电、降雨、阵风或雨幡	面积大、蓬松、云层薄，云块间有缝隙，太阳会投射下来，天气晴朗
	名称	层云（St）	雨层云（Ns）	
	征兆	均匀成层，灰白色，与浓雾相似但不接地，一般晴天	底层乌云，笼罩天空，未来几小时有持续降雨	
中层云	名称	高积云（Ac）	高层云（As）	
	征兆	天气良好，出现于雨后，天气良好	像灰色幕幔，可能有间歇性降雨	
高层云	名称	卷云（Ci）	卷层云（Cs）	卷积云（Cc）
	征兆	云层稀疏如羽毛、马尾，白色，预示天晴	云层薄、不均匀，晴朗，如果天空变暗，预示有雨	呈波纹、鱼鳞状，也称鱼鳞天，晴朗，但时有降雨

资料来源："地理研究室"公众号，有删减。

"东虹日头西虹雨"——东方雨后有虹，天气逐渐放晴；西方有虹则是不久下雨的预兆。也称"晚虹晴，朝虹雨"。

"天上钩钩云，地上雨淋淋"——卷云后常有锋面、低压，预兆着阴雨将临。

"炮台云，雨淋淋"——堡状积云多出现在低压槽前，表示空气不稳定，过几小时后有雷雨降临。

"云交云，雨淋淋"——在锋面或低压附近通常上下云层移动方向不一致，预示有雨，也称"逆风行云，天要变"。

"江猪过河，大雨滂沱"——出现碎雨云表明雨层云中水汽充足，降雨即将来临。

"棉花云，雨快临"——絮状高积云表明大气层不稳定，如果水汽充足且上升，就会形成积雨云。

"天上灰布悬，雨丝定连绵"——雨层云通常产生连续性降水。

"云往东，车马通；云往南，水涨潭；云往西，披蓑衣；云往北，好晒麦"——云向东、北移动，表明天气晴好；云向西、南移动，表示会有雨来临。

"鱼鳞天，不雨也风颠"——卷积云如果持续降低、增厚，说明该地处于低压槽前，不久就会降雨。

"天上鲤鱼斑，明日晒谷不用翻"——透光高积云下基本是晴天。

"乌云接落日，不落今日落明日"——日落西山时，西方地平线如果升起乌云与太阳相接，表明西方阴雨天气正往这边移动，不久将要下雨。

"西北开天锁，明朝大太阳"——如果阴雨天西北方向云层断裂露出一缕蓝天，说明当地处在阴雨天气后，将雨止云消，天气转好。

"太阳现一现，三天不见面"——春、夏时节雨天的中午，云层裂开太阳露出，但云层很快又合拢，说明当地处于准静止风影响下，将出现持续阴雨。与"亮一亮，下一丈"同义。

"久晴大雾阴，久阴大雾晴"——长时间晴天后出现雾是有暖湿空气影响，预示要天阴下雨；长期阴天后有雾，说明云层变薄即将消散，不久出现晴天。

"清早宝塔云，下午雨倾盆"——夏季早上出现堡状云，说明潮湿空气开始不稳定了，中午气温升高导致对流，就会形成积雨云进而降水。

"不怕云里黑，就怕云里黑夹红，最怕黄云下面长白虫""黄云翻，冰雹天；乱搅云，雹成群；云打架，雹要下""黑云黄云土红云，翻来覆去乱搅云，多有雹子灾严重"——冰雹云顶部是白色、底部是黑色，经过发展中间会出现红色，三种颜色交织，云边出现土黄色、红黄色，这是一些水滴对阳光的散射现象，这预兆不久要下冰雹。

（2）通过风雨雷电观测天气。在野外，可以通过风向、雨量、雷声等判断天气。在我国大部分地区，常年风向都是东南—西北风，东风都是来自海上带来湿气，西风来自亚欧大陆内部比较干燥，南风一般比较温湿，北风来自西伯利亚比较干冷。当地吹西北风时，说明已经被干冷气团控制，形成冷高压，不久天会变晴。

俗话说"雨前毛毛没大雨，雨后毛毛没晴天"，意思是一开始下雨时毛毛细雨，预示着这场雨不会很大，如果开始下大雨后来转为毛毛雨，预示着这场雨会下很长时间。"雨下中，两头空"意思是中午下雨基本时间很短，早晚基本是晴天。

根据雷声也可以判断降水情况，在下雨之前打雷，表明降雨是局地性的，时间短，雨量不会很大。如果下雨时比较闷热，雨势比较猛，雷声一直响，预示着接下来有大暴雨。如果降雨过程中雷声断断续续一直在响，会出现连续降雨。

（3）通过动物习性变化判断天气。地球孕育的万物是相通的，当天气变化时，动植物受影响也会发生变化。在野外可以通过观察动物的习性变化来判断当地未来天气的阴晴雨雪。如果在野外观察到蚂蚁忙着搬家、蚯蚓从地里钻出、蜻蜓飞得很低、麻雀飞得也低的时候，基本预示着雨天降至。如果长时间下雨后听到鸟叫、看到蜘蛛吐丝结网，则预示着不久就是晴天。河里出现青苔上泛、山里阴沉雾蒙的时候基本不久会有雨水到来。海边潮水泛起黄沫、不断涌起，预示着不久会出现大风天气。

（4）通过身体及物品变化判断天气。夏季暴雨来临前，天气会变得闷热，长头发的人会感觉头发梳不开、易打结；爱出汗的人会感觉浑身潮湿难受；有关节炎、风湿病的人会感觉关节疼痛。野外点燃篝火，如果火苗稳定上升，表明周边气层稳定；如果火苗飘忽不定，跳来跳去，表明周边大气层不稳定、有上下气流乱窜，预示着不久会有降雨。空气湿度增大时，会明显感觉到空气中有水汽的味道。下雨前如果木质材料变得粗糙、紧致，表明湿度在增大；盐变得不是很散，成为结块，表明湿度很大。

（二）地形判断

1. 地图判断

（1）地图基础知识。地图是按一定的比例尺运用线条、符号、颜色、文字标注、图文标记等描绘显示地球表面某处自然地理、行政区域、社会经济状况的图形，是空间信息的载体。随着计算机技术的发展，地图还可以将图形和信息以数字的形式存储于磁介质上，或经可视化处理显示在屏幕上。多媒体技术的发展使地图不再拘泥于图片形式，还可以将视频、声音等作为表达手段。地图可分为基础地图和专题地图，基础地图如自然地图、行政图，专题地图包括地形图、地貌图、人口分布图、经济活动图、文化地理图、植被分布图、旅游地图等。

地图基本要素包括比例尺、图例、指向标。比例尺表示图上距离与实际距离的比值，有数字比例尺、图解式比例尺、文字式比例尺等种类。数字式如1:1000000、1:40万；文字式如"图上1厘米表示实际距离1千米"。图例是地图的语言，包括各种地理符号和文字说明、名称和相应数字。指向标是标注地图方向的图形。

地图的构成要素包括图形要素、数学要素、辅助要素和补充说明。图形要素是地图主体，是根据制图的要求所表达的内容，包括注记、地学底图。数学要素是用来确定各要素空间相关位置的。辅助要素用来说明地图编制状况（作者、时间、出版社等）及为方便地图应用所提供的内容（如说明）。补充说明是对地图主体在内容与形式上的补充和说明，通常以地图、图表、剖面图、照片、文字等形式出现。

（2）地形判断。地形即地表形态，是地球表面呈现出的高低起伏的状态。地形的基本分类有5种：高原、山地、平原、丘陵、盆地。我国地形多种多样，5种基本地形类型在中国均有分布，但是我国平原面积小，山区面积广大，广义上把山地、丘陵和比较崎岖的高原称为山区，这些山区面积占全国总面积的2/3，辽阔的山区面积蕴含了丰富的旅游资源，为广泛开展户外旅游、野外探险提供了广阔的舞台。总体上看，我国地势西高东低，呈现阶梯状分布，第一级阶梯是青藏高原，平均海拔在 4000 米以上，与第二阶梯的分界线为昆仑山脉—祁连山脉—横断山脉一线；第二级阶梯平均海拔在 1000～2000 米，分布着众多盆地和高原，其与第三阶梯分界线为大兴安岭—太行山—巫山—雪峰山一线；第三级阶梯海拔多在 500 米以下，其上分布着零星的丘陵和低山，主要是广阔的平原。

地形图是按照一定比例尺将地表高低起伏、地理位置和要素形状表达在水平面上的投影，可分为等高线地形图和分层设色地形图。

等高线地形图的基本特征有：同线等高，等高线是相等海拔点的连线，所以同一条等高线上各点高度一致；同图等距，在一张地形图中，等高距一致，即相邻两条等高线的高度差是一致的；等高线闭合，在地形图中，等高线是闭合的曲线；等高线一般没有相交，但是部分地区可以重合，如陡崖的等高线表示；等高线的疏密程度反映了坡度的缓陡状况，同一张图中，等高线越密，表示越陡。

用等高线图表示山地和谷地地形时，凸低为脊，与脊线垂直画一条线，中间高两边低，即等高线凸向低处是山脊，山脊线也是流域的分水线；相反，凸高为谷，与山谷线垂直画一条线中间低两边高，即等高线凸向高处是山谷，山谷也是流域的汇水线。

鞍部是相邻两个山顶之间呈马鞍状的山谷，是山谷线的最高处、山脊线的最低处。陡崖是多条等高线图汇合重叠到一处，表示近似于垂直的陡坡。还有表示其他特殊地形的，如有明显迎风坡和背风坡的沙丘、表示宽窄相间的梯田等。

等高距表示相邻两条等高线之间的距离，不同地图表示的等高距不同。一般情况下，在同一幅地形图上，等高线多且密集，表示山相对高，等高线少且稀疏表示山相对低。两条或多条等高线间隔大的表示坡度缓，相反表示坡度大；图上等高线的弯曲形状和走向与实地地貌的形状相似。

等高线按作用差异可分为四种：首曲线用来显示地貌的基本形态；间曲线也叫半距等高线，用来显示曲线所不能显示的部分地貌；助曲线也叫辅助等高线，用来显示间曲线仍不能显示的部分地貌；计曲线是方便在图上计算高程，从高程面算起，每逢等高距五倍线的首曲线描绘成粗实线。

在分层设色地形图上，一般用绿色表示平原，蓝色表示海洋，黄色表示高原、丘陵和山地，褐色表示高山，颜色越深表示海拔越高，白色表示山体雪线以上部分。

（3）距离、坡度、面积计算。比例尺表示图上距离和实际距离的比值，实际距离就是图上距离与比例尺的比值，如某地图的比例尺是1∶10万，图上测得两点距离是2厘米，那么实际距离就是2000米。实际面积是图上面积与比例尺平方的比值，如1∶10万的地图上，2平方厘米的面积表示实际面积2平方千米。用地形图算坡度，首先应算出地图上两点的水平距离，再利用标注的海拔高度算相对高差，最后用正切公式计算角度。

2. 现场地形判断

在野外活动时，首先应该判断当地是何种类型地形，根据海拔、相对高差、地形起伏判断各部分地形类型。要能判断山谷、山脊、鞍部、断崖，登山尽量沿着山脊线走，遇到河谷应谨慎涉水，断崖下方应谨防落石，断崖上方活动时不要踩在边缘处，谨防坠落。在野外徒步时，有些看着很近的景观实际距离却很远，应掌握距离与海拔的目测技能，对前方目的地道路方向和大致距离有大体了解，避免因判断失误导致体力耗费和错过最佳宿营选择。

（三）方向识别与迷失路径应对

在野外探险时，经常会进入没有人烟、没有参照物的无人区，很有可能会迷失方向，既分不清东南西北，也不清楚自己身处何方、该往哪个方向走。如果贸然前行而且在错误方向上越走越远，可能会造成迷途、迷向，导致食物和水、体力消耗殆尽，遭遇猛兽等危险，甚至命丧野外。因此，在野外辨别方向、迷失道路后顺利返回的技能尤为重要。

1. 方向辨识

（1）观察太阳。太阳每天东升西落，根据太阳位置可知大概的方向。在北半球，太阳在春分秋分日直射赤道，夏至日直射北回归线，冬至日直射南回归线。我国北回归线以北地区，春秋一般日出正东、日落正西，夏季日出东北、日落西北，冬季日出东南、日落西南，正午太阳在正南。需要注意的是，我国采用的是北京时间（东八时区的区时）作为标准时间，这个北京时间并不是北京（东经116.4°）的地方时，而是东经120°（东八区）的地方时，东经120°地方时比北京的地方时早约14分半钟。中国幅员辽阔，最东的乌苏里江和黑龙江交汇处（东经135°）和最西的帕米尔高原（东经73°）跨越了5个时区（东五区、东六区、东七区、东八区、东九区）。太阳处在正南指的是地方时的正午12点，而非北京时间的12点，如青海西宁地处东经101.7°，与北京时间（东经120°）相差了近20个经度，相隔1小时13分左右，即西宁正午太阳在正南时，是北京时间的13点13分左右（东经120°太阳已经偏西了）。新疆和田地处东经79.9°与北京时间相差2小时40分左右，所以和田正午太阳正南时，是北京时间的14点40分左右，北京时间12点时，和田的太阳还在东南方向。

（2）观察影子。根据太阳的东升西落，可以观察物体影子来判断方向，在野外找一根比较直的树枝垂直插在地面上，首先在树枝投影的顶端放一个小石块作为标记，15～20分钟后再在投影的顶端放一个小石头，两点之间的连线即为东西方向，第一块石头在西边，第二块石头在东边，再根据上北下南左西右东原则，找出南北。

（3）使用指南针。指南针是户外运动的必备物品，指南针的指针会指向地球的两个磁极，写有"北"或"N"的指针所指的是北方（磁北极），磁北极与正北有个磁偏角的差（各地偏差不一致，在0°～11°），不过这个在户外可以忽略不计。如果没有指南针，可以自制一个：将细针或细铁丝在丝绸上往一个方向摩擦，准备一个容器装满水，放上一小片较平整的绿叶或小纸片，细针产生静电后放置在容器里的绿叶或纸片上，等针转动停止后，便指向南北方向。

（4）手表观察。用手表观测方向可用以下方法：①将手表放平，表面朝上，转动手表，使时针对准太阳，时针和数字12点形成一个夹角，这个角的平分线即是南方；②"时数（几点）对半对太阳，12点指向是北方"，意思是用时间的一半对向太阳，12刻度方向是北方；③与方法二类似，手表平置，将一根小棍垂直立在手表中央，转动手表，使小棍的影子与时针重合，时针与12时刻度之间的平分线的反方向即是北方。

（5）北极星观测。北极星位于天空正北，要想找到北极星，要先找到北斗七星（大熊星座），北斗七星在天空像一个巨大的勺子，从勺边两颗星的5倍延长线距离上，找一个很亮的星星，即北极星。此方法只能应用在北半球晴朗的夜空。

（6）观察动植物。如果野外有树木桩，可观察年轮来判断方向，一般来说年轮有宽窄，宽的一边是树木向阳面，即为南面（北半球），窄的那边为北面。

也可以根据树木外形来判断，树木的向阳一边树叶繁茂，叶面光滑，即为南方；相反即是阴面、北面。

如果野外有岩石上长满青苔，也可以判断方向，岩石上布满青苔的一面是阴面（北侧），干燥光秃的一面则是阳面（南侧）。

秋季果树朝南的一侧树叶繁茂，柿子、苹果、山楂等果实朝南的一侧先染色。

西北地区的红柳、梭梭树、骆驼刺大都是朝东南方向倾斜（常年盛行风向为西北—东南）。

为了获得阳光，蚂蚁洞的洞口大都是朝南的。

（7）观察积雪。在野外如果有积雪可观察积雪的融化方向。如树木周边的积雪、石块周边的积雪，先融化的一面是南方，后融化的一面是北方。如果在坑道、凹地里，先融化的是北方（山南水北为阳的道理）。

（8）房屋观测。一般的庙宇、村落、住房都是坐北朝南的，可观察村寨住宅的大门和窗户，一般是朝南的；草原上的蒙古包门一般朝向东南方向。

2. 迷失道路应对

迷失道路和迷失方向不同，迷失方向是既不知道方向又不知道道路，迷失道路是明白方向但是不知道走哪条路。

（1）迷途知返。如果在野外前行时突然发现没路了或是在交叉口不知道走哪条路，不能盲目地跟着地形或现有道路前进。也有的人喜欢独辟蹊径，不想走回头路，但是经常会发现无路可走。这时最安全的方法就是"原路返回"，回到熟悉的位置再做判断。

（2）登高望远。在迷失方向和道路时，可以寻找附近较高的山脊和小山丘，先观察一下四周，看有没有熟悉的地标或景观，再根据定位决定向哪个方向走。

（3）顺流而下。山谷出河流，在山里如果遇到溪流，可顺流而下，一般情况下，居民点多依水而建，走到河流的下游就能找到村落和民居。需要注意的是，河流下游可能会遇到断崖（瀑布），应注意安全渡过。

（4）连线定向。如果在沙漠、戈壁、森林里找不到参照物和定向物，可使用树枝、石块、地上画线的方法保证背后的标记道路形成直线，这样就不容易走偏、走环型路。

（5）顺势而为。在出发去野外前，应先查看当地的地形图，了解区域地形走向、山脉走向、河流走向，一般情况下，河流是自西向东流、山脉是东西或南北走向，明确了大致方向，顺着山脊、河流行走即可。

（四）自然灾害应对

在进行户外运动或野外考察时，经常会遇到自然灾害，如突发的地震、暴雨后的泥石流和滑坡、洪水等，应掌握应对自然灾害基本的技巧。

1. 地震

全球有三个地震活动带：环太平洋地震带、欧亚地震带、海岭地震带。我国位于环太平洋地震带与欧亚地震带的交会处，受太平洋板块、印度板块和菲律宾板块的挤压，地震断裂带发育。根据全国地质构造特点和历史地震活动水平，可分为七大地震区、33 个地震带。我国是一个震灾严重的国家，地震活动具有频度高、强度大、震源浅、分布广的特点。自然类型的景区也深受地震灾害影响，如 2017 年 8 月 8 日 21 时 19 分，四川省阿坝州九寨沟县发生 7.0 级地震，震中位于九寨沟核心景区西部 5 千米处比芒村，对景区可谓是毁灭性打击。

在野外如果地震突然发生，要远离断崖、大型石块、正在建设中的建筑物、电线杆、围墙等。最好站立于空旷处，注意上方的掉落物。如果在自驾途中发生地震，汽车是一个比较安全的地方。如正在驾驶汽车时地震发生，要远离崖边、河边、海边，找空旷的地方避难。减速把车停在路边，反应时间够的话，不要停在电线杆、路灯、桥等建筑物下。如果驾车正在高速路、高架桥上行驶，离出口近的话要马上驶离，离出口远的话要保持低速行驶，与前后的汽车拉开距离。如果在海边探险时发生地震，要尽快向内陆地方转移，远离海岸线，以免遭受地震后可能产生的海啸袭击。

2. 泥石流、山洪、滑坡等

泥石流是指在山区或者其他深沟谷壑区、地势险峻地区，由暴雨、暴雪或其他自然灾害引发山体滑坡并携带有大量水体、泥沙以及石块的特殊洪流。滑坡是指山体斜坡上的土体或岩石，受河流冲刷、雨水浸泡、地下水活动、地震及人工切割等因素影响，在重力作用下，沿着一定的软弱岩面或者软弱土带，整体或者分散地顺坡向下滑动的自然现象。

泥石流通常发生7、8月的暴雨季节，在野外，如果发现正常的溪流突然断流或者洪水突然增大，并拌夹有较多的杂草、树枝、碎石等，可断定上游已经被滑坡阻断或泥石流已成形下涌。如果河谷深处传来低沉的类似火车轰鸣或者闷雷声，有时声音比较微弱，还会伴随着牛羊的乱喊乱叫，也可判定泥石流已经形成，要快速离开。如果河谷深处突然变得昏暗，并时有塌方现象，要快速离开。为防范野外泥石流危害，不要在暴雨天或者持续阴雨且当天下雨的情况下进入河谷、溪谷，因为泥石流常发生于持续暴雨后。如果在河谷、溪谷发现泥石流已顺流涌下，切不可沿河谷向上或者向下游跑，而是应该垂直于河谷向两侧山坡跑，快速离开河谷、溪谷地带，不能心存侥幸。如果垂直向上跑到山坡上发现土质松软，也不要在这样不稳定的斜坡停留、不要跑到树上躲避，为防止该处滑坡，应尽快往上跑直到远离河谷及松软山坡，尽量找基底稳固又较为平稳的地方躲避。

如果被乱石砸中、树木砸伤，无法找到脱离险境的办法，要尽量保存体力，不要乱动，以免使骨头错位或骨折更加严重。尽量躲在大型石块（直径3米以上，可挡住碎石、泥沙）后面，用石块敲击发出声响，向外界发出呼救信号，不要盲目喊叫、急躁，要保存精力和体力，等待救援人员到来。如果遇到有人因泥石流、塌方、滑坡而受伤，首先要将其受伤的部位用木板、树枝固定下来，不要晃动，设法为其包扎，快速发出求援信号。

山区天气变化多端，现在晴天可能一会儿就会阴云密布甚至暴雨降临。持续大雨容易引发山洪，如果河水、溪水原来比较清澈，转眼间变得混浊，应判断是山洪暴发的先兆。山洪的暴发威力和速度相当惊人。由于上游降雨、河流汇水面积大，洪水会汹涌而下，几分钟内就会形成山洪。流水湍急、混浊及夹杂沙泥和树枝是山洪暴发先兆，应迅速远离河道、溪谷。为防止山洪暴发带来的人员伤亡，在进行溯溪等水上活动时，应提前了解当地天气和降水情况，切勿盲目进入河谷、溪谷；户外运动时应避免沿溪涧河道行走，雨季或暴雨后切勿涉足溪涧；下雨时不要在河道逗留、休息，尤其是下游地带；河谷下雨时应迅速离开，往垂直的两岸高处走；不要尝试越过已被河水淹没的桥梁，应迅速离开河道；如果不幸掉进湍急的河水里，应抱紧或抓紧岸边的石块、树干或藤蔓，尽力爬回岸边，等候同伴救援。

3. 森林火灾

闪电、气候干燥、人为疏忽引燃是森林火灾的最大隐患。在野外应注意用火安全，严格遵守当地的用火制度，如果禁止使用明火应杜绝使用火种，不乱丢烟头。在野外生火做饭时，准备一桶水或沙土放在营火旁边，随时准备灭火使用，离开时必须保证营火完全熄灭、没有冒烟才能离开。一旦发生火灾，在燃烧初期应尽量扑灭。如果风势较大导致火势失控，尽量顶风逃往山下或河边等安全地带，避免被山火包围。如果已被山火围困，可采用砍伐或主动烧火的方法制造隔离带，利用火烧后周围的树木、灌木形成的空旷地带保护自己。

（五）洪涝灾害应对

在野外游览安全章节已述及，我国 7~8 月夏季风势力达到最大，各地降水量也达到一年中最大值。尤其是 7 月下旬至 8 月上旬，夏季风将我国主雨带推至最北位置，全国进入洪涝灾害多发季节，尤其是在南方水系发达的地区。根据水利部发布的数据，2020 年 3 月 28 日至 8 月 24 日近五个月内，我国共有730条河流发生超警戒水位洪水，242条河流发生超保证水位洪水，71条河流发生超历史洪水。8月全国平均暴雨日数为0.44天，较常年同期偏多0.17天，累计暴雨站日数为1823，较常年同期偏多54.6%，均为1961年以来同期最多。洪涝灾害一般包括洪水灾害和雨涝灾害。洪水灾害是指由强降雨、冰川融雪和高山融雪、风暴潮、冰凌等原因造成的江河湖泊水位上涨、水量增加，以及山区山洪暴发所造成的灾害。雨涝灾害是指因强降雨或长时间降雨产生大量的积水和径流，汇水区域排水不及时致使城市、土地、房屋等积水、受淹而造成的灾害。在本章节，主要讲在城市或景区里遭遇到洪涝灾害的应对方法。

在外出旅游时遇到洪涝灾害，最基本的生存条件是饮水安全，首先是要喝携带的矿泉水或纯净水，不喝生水，如果没有携带或附近没有瓶装水、桶装水，最好是把水烧开再喝。洪水是不能饮用的，洪水中含有大量的泥沙、动物尸体、腐殖质、寄生虫、细菌和病毒，即使是肉眼看起来比较干净的湖水、河水、泉水、井水也不建议直接饮用。在没有干净水源饮用的情况下，可用净水药品进行消毒，再煮沸至少5分钟后饮用。遭遇洪涝灾害时不要吃腐败变质的食物，也不要贪图野味去吃淹死、病死的禽畜。高温高湿的7、8月，食物极易腐败变质。如果食用了腐败变质的食物，即使是蒸熟、烤熟后也易引起食物中毒，引起腹泻、痢疾、甲肝、霍乱等肠胃传染病。淹死、病死的禽畜极有可能传播猪链球菌病、禽流感等传染病，亦不可加工食用。

在外旅游要注意环境卫生和个人卫生，不随意丢弃垃圾、不随地大小便，避免污染水体和环境的行为，否则可能会造成蚊蝇滋生，进而传播痢疾等传染病，要远离洪水过后环境中堆砌的垃圾。手脚不要长时间浸泡在水里，容易引起皮肤溃烂、感染等严重后果，外出时保持皮肤清洁干燥，预防蚊虫叮咬、皮肤溃烂和皮肤病。避免在洪涝期间蹚水，尤其是长时间的积水路段，积水中可能有深坑、掉落的电线等，因此要绕开积水通过，防止意外情况发生。

如果长时间有积水需要做好防蝇灭蚊工作，蚊蝇多围绕积水而生，这增加了传染病流行的风险，要勤涂抹防蚊虫药，不食用蚊蝇接触过的食物，预防肠道和虫媒传染病。勤洗手，保持个人卫生用品清洁。避免通过手传染痢疾、霍乱等胃肠传染病和接触性传染病。如有发热、呕吐、腹泻、皮肤瘙痒等症状，要尽快就医。在血吸虫病流行区，如长江中下游流域的个别地区，应做好个人防护，尽量不接触污染的水，尤其是在野外观光、农事体验时，应谨慎接触野外水体，必要下水时建议穿戴胶靴、胶裤、胶手套等防护用品，如果出现不适应及时去医院检查，发现感染应尽早治疗。如果外出旅游长时间被困在洪涝灾害发生地无法返程，应保持乐观心态，避免出现焦虑、抑郁、绝望等不良情绪，否则会引起严重的心理疾病。

三、野外宿营安全

（一）宿营物质准备与地点选择

1. 物质准备

在野外宿营时，需要准备帐篷、睡袋、防潮垫、绳索、挂灯、帆布、塑料薄膜等装备，如果没有成品帐篷，可用油布、帆布、树枝、藤条、绳子、砖块等代替。

（1）成品帐篷。在购物网站上搜索户外帐篷，可以出现几十万件商品，品牌涉及狼爪、探险者、探路者、骆驼、公狼、自由之舟、挪客（Nature-Hike）、MSR 等中外知名品牌，可根据宿营人数选择帐篷大小，根据户外使用功能和地点选择野外宿营帐篷、休闲帐篷、天幕、遮阳棚、车顶帐篷等类型，也可以根据使用方式不同选择手动搭建、液压杆弹出、弹簧弹出、电动帐篷等。

（2）屋顶形帐篷：这种帐篷通常适用于树木较多地区，选择两棵树作立柱，或立两根支撑棍。在距地面约一米处绑一条横杆，横杆上斜搭（约45°）若干斜杆。再绑上两条横杆固定，就像铺瓦一样搭挂在支架上。支架搭完后用毯子、帆布、塑料布、树枝等遮住，两边用石块压住，也可搭建两层帐篷，防水效果好。

一面坡形帐篷：把雨布一头固定在墙壁棱坎上，或用两棵树、两根木棍支撑，另一头固定在地面上，两边用帆布、塑料布、树枝、野草堵塞挡风。如果在冬季架设帐篷应注意将架设地点的雪扫除，如果雪层深可将雪压实、压平，然后在冻结的雪地面上形成一道隔绝层。

锥形帐篷、半圆形帐篷：将三根或多根长木棍一端交叉绑在一起，制作锥形帐篷顶点，另一端固定在地上或埋入地下，成为锥形或半圆形帐篷，再用帆布、塑料布盖住顶部。

拱形帐篷：将有韧性的树枝弯成拱形，再在两个拱形间用枝条连接，上面用帆布或塑料布搭成温室大棚的样子，底边压上石头，即制作完成拱形帐篷。

丛林帐篷：在丛林地带，应搭制较严密的遮棚，因为丛林比较潮湿，为防蛇虫、猛兽侵扰和暴雨袭击，一般将帐篷搭建在可排水的高地（有凉爽的微风），或利用四周的树木将帐篷搭建在树上，利用树木、竹、藤、茅草、芭蕉叶并结合雨布搭制帐篷。

（3）筑雪洞和猫耳洞。在寒区地区积雪厚度足可以掏雪洞避风寒，雪洞构筑不易过大，否则容易坍塌。洞口应掏成拱形，朝避风处。开口后可拐个直角防止冷风直吹洞内，洞掏好后，可用雨衣、大衣或树叶干草封闭洞口以便保温。为了安全起见，雪洞内要留一把铁锹，以防在暴风雪后洞口被封。猫耳洞是开在沟壕、土坡侧壁的小洞，洞口开在土质结构好的阳坡、背风处。

（4）野外厕所。野外也是讲文明的地方，不可随地大小便。搭建野外厕所应选择在营地的下风处，低于营地远离河流。首先挖一个长半米、宽三十厘米、深约半米的长方形土坑，里面垫一层石块和树叶用来除臭。三面用塑料布围住，开口一面应背风。便后用沙土将排泄物及卫生纸掩埋，用木板将坑盖住。厕所外树立一块标志牌让人看到厕所是否正在使用。当露营结束后用沙土将便坑掩埋好，并做好标记。

（5）打绳结技巧。野外安营、探险时会使用绳子打结，应学会打各种结：单编结、双编结、单套环、攀踏结、扁担扣、索环扣、索结、索针结、圆材结、速解结等。

2. 宿营地点选择

选择营地要考虑安全、方便，搭建帐篷前要仔细查看周边地形，营地上方不能有落石、滚木、垂悬树枝等，远离风化岩石下面和陡峭的斜坡。应选择在高处安营扎寨，以防低处在雨季被水淹没，特别是不要在河滩、河床、河道旁边扎营，要分辨周边是否有泥石流发生过，一般有大量石块被泥土裹挟成流体状即是泥石流标志。雷雨季节安营时不宜选择在山顶、树下，以防遭到雷击。

选择干净、平整的地方安营，如果营地周边有大量腐殖质层和枯枝落叶层，应打扫干净再搭建帐篷，以免树叶下面藏有蝎子、蜈蚣、蛇等，不要在蚂蚁窝边上安营，夏季应选择干燥、地势高、通风好、蚊虫少的地方。

在沙漠地区扎营，要避免在沙山背风坡安营，以防起风后被移动的沙体掩埋；要避免在灌木丛、草丛边安营，这些地方蚊虫、蝎子较多。要选择在平坦的沙丘间洼地安营，如果有大片宽广的沙地，也是扎营的好地方。

营房建好后，在周边支一圈多刺的灌木条，以防大型动物侵扰；再在四周挖一条小水沟，撒上草木灰或喷上防蚊虫药剂，防止虫、蛇、蝎子侵扰。

（二）野外水源、食物寻找

水是人体必需的物质，长时间不进水是非常危险的行为，首先是感觉口渴，进而会恶心呕吐、头晕目眩、四肢麻痹、尿液减少，直到最后脱水昏迷甚至死亡。长期饮水少会导致肾结石，表现为肾疼、尿血。在野外探险或户外出行时，应尽量多携带干净的矿泉水、纯净水，如果出现突发状况导致饮水丢失或耗尽，应学会在野外寻找水源。

1. 寻找水源

（1）在山谷里找。山谷出河流，在山区可以循着山谷谷底往深处找寻。干涸的河床下面往往会有泉眼，悬崖底部、峡谷深处、断层线附近等一般都会有水存在，这些水有可能是下雨时汇集到地面上的积水，饮用前要消毒煮沸。

（2）收集雨水露水。在低洼处挖坑，铺上一层塑料布，周边用黏土盖住，可以收集雨水，也可以用携带的盆、罐等物品收集，以往在干旱半干旱区，人们就是利用水窖收集雨水的。在清晨也可以在地面、植被表面收集露水，用毛巾把表层的露水吸走，再拧到容器里。

（3）跟随动物找水。一般在野外动物会围绕着水源生活、筑巢，夏季蚊虫多的地方一般水源丰富；听到青蛙叫、看到大片蚂蚁蜗牛、有蜜蜂蜂窝的地方一般离水源不远；燕子、麻雀、斑鸠等鸟类也需要水维持生命，降落的地方应离水源不远；大型动物需要大量水维持生命，可以通过跟踪它们找到水。

（4）植物体内取水。竹子等中空的节里通常有水；藤本类植物通常有可饮用的汁液，切开后会有水流出；椰子、棕榈树、仙人掌、猪笼草等都富含水分。

（5）开挖水井。如果在野外看到一块潮湿的土地，说明地下水位应该很高，可以尝试挖一口井。用铁锹下挖直径半米、深一米左右的圆井，如果有水渗出表明已经挖到水位线，继续深挖，直到井里渗出约十厘米水，沉淀后可舀出备用。

（6）太阳蒸馏法。在潮湿的土壤里挖一个圆洞，洞壁成斜坡状，在洞底放一个容器，然后用一块干净的塑料薄膜把洞盖住，边缘要密封好，在膜中间放一块重物，水分就在膜内凝结，最后流滴到容器里。

2. 寻找食物

人体每天都需要一定比例的营养，如果长期使用单一种类的主食和蔬菜，很容易导致某些物质在体内积累不能排出，而且还缺少其他种类的营养物质。为维持人体基本的生理活动，所需营养中应包括脂肪、蛋白质、碳水化合物、矿物质、微生物和其他微量元素等。脂肪是人体能量的主要来源之一，储存在皮下脂肪组织，分布在器官周围，可维持较长时间。脂肪主要作用是产生热量、隔离热量，维持身体正常温度，通常从黄油、奶酪、油脂、坚果中获取。碳水化合物是大脑和神经系统能量的主要供应者，可以从蔗糖和淀粉中获取，如各种水果、蜂蜜、土豆、谷类等。矿物质包括钙、铁、锌、钠、镁、磷等大量元素，也包括铜、锰、硒、碘等微量元素，蔬菜、水果、坚果、海鲜、芝麻等含有人体所需的矿物质。维生素在预防疾病、维持身体机能正常运转上具有重要作用，各种蔬菜、菌类、鱼虾中含有丰富的维生素。

在野外首先应确定哪些植物是不能食用的。含有乳白色或颜色奇怪汁液的植物很有可能是有毒的，还有带种子或鳞茎的豆荚、果树上的刺、植物的茎上有苦味的很可能是危险植物。尽量不要食用带有黑色、粉红色或紫色等杂色的植物。如果不确定某种植物是否可食用，可以通过尝试来分辨。在稍微尝试一点后感觉不适时，立即催吐。如果切下某种植物闻时发现有苦杏仁味、桃树皮味果断扔掉；挤榨植物汁液涂在前上臂，如有不适也果断扔掉；如果没有不适，可以用嘴唇、舌尖舔一下或咀嚼一小块，如有任何不适果断扔掉；如没有不适，可以吃一小块等待 5 小时，如没有不良反应（如口部痛痒、胃部疼痛、恶心、呕吐、打嗝等）可断定该植物安全可食用。

在野外我们可以根据常识来判断植物是否可以食用，如温带的蒲公英、荨麻、车前草，热带及亚热带地区的棕榈类、野生无花果、竹类等，沙漠地区的仙人掌、刺梨、茇茇草，寒冷地区的云杉、北极柳、地衣，海岸地带的藻类和紫菜等均可食用。还有一些植物，如乔木树皮的内层，白桦和枫树的树浆，某些树木的树胶和树脂，以及真菌类、沙漠植物、热带植物、海滨植物、海藻植物等均可以食用。

在野外采集菌类时应注意，颜色太鲜亮的不要采摘，谨防毒蘑菇。如果是没见过或无法分辨其可食性的植物，可观察其是否有其他动物啃食的痕迹，如果有啃食痕迹可以认定是安全的，如果植物的根茎有乳白色汁液冒出，基本不能食用。

（三）野外生火与野炊注意事项

在野外生火是进行野炊、宿营的必需项目，生火前应做好准备。首先应寻找一些容易引燃的引火物，如枯草、干树叶、植物绒毛、薄木片、松针、棉花絮等；再捡拾一些干柴，如松树、杨树、桦树、槐树等硬木块，燃烧时间长，有露水的木柴不要捡拾，因为不容易燃烧；引火物和木柴都拿到后，要清理出一块空地，避风、远离干柴、比较平坦的地方，将引火物放置在中间，点燃后慢慢放置一些松枝、木片，等火势较大后再放粗木柴。生火处应放置一些备用水和沙土、青苔等，用于及时灭火。

可以使用火柴、打火机等生火，火柴最好备用防水火柴、防风火柴，不要让火柴受潮，野外行走时可以将其放置在保鲜膜或塑料袋里，用时再将其取出；打火机最好备两个以上，其中要有一个防风打火机，以防野外风大时无法生火。还可以使用"打火石＋镁块"组合点火，镁是一种银白色活泼金属，燃点在400摄氏度左右，在户外主要用来引火。打火石可以擦出火花，但是很难点燃枯草、树叶、树枝，可以刮一些镁屑放在柴草上，再用打火石点燃镁屑，镁屑燃烧的火焰温度高、持续时间长，能够点燃各种引火物。如果没有上述物品还可以用放大镜、凸透镜来引火，放在太阳底下，使光线聚焦在引火物上一段时间可引燃。如果没有放大镜，可以使用望远镜和瞄准镜、单反相机凸透镜片来代替。如果在寒冷地区，还可以将冰块磨成凸透镜来聚焦阳光。驾车出游时还可以将电瓶正负极相连，电线头相碰能产生火花，可以吹起引燃引火物。

如果上述物品均没有携带或因遭受突发情况而丢失火柴、打火机等，可以采用原始的钻木取火、火犁、弓钻取火、藤条摩擦取火等方法。钻木取火传承了数千上万年，将木板刻一个凹坑，上面放上引火物，用木棍抵住凹坑，双手来回搓动，直到木棍前端发热发红，吹一吹便可点燃。

在比较软的木板上刻一条深沟，用比较尖的木棒来回摩擦深沟，像犁地一样，当木棍发热发红时吹一吹，同样也可以产生火种。

用韧性好的树枝或竹片、藤条做一个弓，将弦绕在一根20～30厘米长的干木棍上，将木棍抵在干燥的平整朽木上，拉动弓使木棍迅速转动，长时间钻会钻出类似木炭的黑色粉末，进而会产生火花，点燃引火物。

炊具、灶具可以使用携带的煤油炉、煤气炉，也可以现场取材，用三块大小均匀的石块摆成炉灶，或是采用三根木棍做的木架灶，坑灶、火塘灶也是不错的选择。如果野外有平整的石板，也可以作为灶具，将石板烧热烧烫，然后将食物切成薄片放在上面。鸡、鱼可以包裹上一层锡纸，然后抹上和好的黄泥，放在火上烧两个小时即可食用。

为避免发生火灾，灶具使用完毕后要将火彻底熄灭或用土掩埋，避免留下火种引发火灾。

四、特种旅游项目安全

（一）索道

大型景区内都有电瓶车和索道等内部交通工具，电瓶车主要应用在景点面积大、地势相对平缓的景区。在山地景区或者爬山的项目中，就要用到索道（高空缆车）。乘坐索道前，在各个景区入口一般都会有一些提示和注意事项，以及索道应该有质检总局印制的"安全检验合格"标志牌，要认真阅读提示，如果没有标志牌，即是私自设立的索道，最好不要贸然乘坐，以免发生危险。乘坐索道时要按规定排队，不要拥挤，设备运行中，不要将手、胳膊、脚等身体任何部分伸出车外，更不要擅自解开安全带、打开安全压杠。行驶过程中务必将眼镜、相机、提包、钥匙等易掉落物品保管好。如果行驶过程中发生意外停滞等，不要惊慌、乱动，要听从工作人员的指挥，保持镇静，在原位置等待救援。到达顶点后，要在工作人员指挥、引导或帮助下解下安全带和抬起安全压杠。下索道后，要尽快离开索道区域，不要围观，以免发生刮碰事故。

（二）蹦极

如果想参加蹦极活动，应选择一家合法经营的公司。蹦极教练要有资格、有常识、有经验，绳子如果看起来比较陈旧最好不要进行蹦极，绳子有使用期限，超出期限必须更换；饮酒后不要参加蹦极活动；确保绳子垂出去的方式能够让你安全弹跳，如果绳子被钩住或缠在一起有可能受伤；选择适合你体重的绳索；不要选择非常危险的蹦极形式，如双人式蹦极，有可能撞到对方，也可能绳子会绞在一起；蹦极之前要观测天气状况，如果风力很大，会影响弹跳的方向，带来不安全因素；有心脑病史的人不能参加，深度近视者要慎重参加，因为蹦极跳下时头朝下加速下坠，很容易脑部充血而造成视网膜脱落；跳下前应充分活动身体各部位，以防扭伤或拉伤；着装要尽量简练、合身，不要穿易飞散或兜风的衣物；跳出后要注意控制身体，不要让脖子或胳膊被弹索卷到；如果采用绑腿式跳法，腿部和脚部一定不能有骨折病史。

（三）过山车

过山车也是一种比较危险的运动，高度近视、戴框架眼镜者不宜坐过山车，否则极易使眼球的压力产生变化，甚至会引发视网膜脱落。心血管患者不宜坐过山车，强大的重力加速度和离心力，可能使静脉破裂，形成血肿，尤其是儿童的血管和脑部尚未发育成熟，比成人更容易受损伤。颈椎病患者不宜坐过山车，当过山车向下俯冲时，身体会惯性地抛向前方、头部则向后仰，给身体带来极大的冲击力，乘坐过山车时，脖子要挺直，整个身体向上，屁股不要坐得太实，两手要紧握前面的扶手，头和脖子最好贴紧头垫，从而减轻颈部、腰部所受的冲击力。心脏病患者应避免坐过山车，兴奋与刺激可能会导致心律不齐，有心脏病发作的危险。此外，坐过山车时衣服口袋要有拉链，否则不要放东西在身上；不要戴项链，女生不要穿太飘逸的裙子；不要穿无扣带的皮鞋、人字拖；玩过山车时头不要埋太低，避免摇晃中头撞到扶手。

（四）滑翔伞

进行滑翔伞飞行前应查看天气情况，如果风力过大严禁飞行。起飞前要做各种检查工作，检查伞衣有无撕裂、刺穿和擦伤情况，查看是否有拉开或未缝合情况；检查伞衣内是否有沙子、碎石子或石块，以免影响到飞行性能；检查每根伞绳的连续性，不能纠缠在一起或磨损；检查伞绳与操纵带的连接情况；确保操纵绳与套环安全牢固地连接，如果出现问题，立即修正；起飞前先观察十分钟风向，以充分了解飞行场地的气候和风向特征。不建议一个人飞滑翔伞，严禁在过度疲劳、饮酒后飞行，飞行中应始终戴头盔，不论起飞或着陆必须迎风，着陆后立即将伞衣排气，为掌握飞行状况，须花费长时间来进行判断训练，不要进行超过你能力范围的飞行。

（五）热气球

乘坐热气球前务必仔细听从管理人员讲解安全注意事项，自觉排队乘坐，并按顺序上下，听从工作人员指挥。心脑疾病患者、饮酒过量者不宜参加此项目，如遇三级风以上、雷电、雨等天气原因须立即停止飞行。乘坐途中不能吸烟，不能将身体伸出篮体以外，严禁高空抛物。乘坐热气球需佩戴专用帽子，热气球点火时，瞬时喷出火焰高达3~5米，还会发出巨响，要做好心理准备。热气球的吊篮空间非常狭窄，不要干扰驾驶员操作，严禁碰触吊篮内的相关设备。热气球即使出现突然熄火现象也不会急速下降，因此不用慌张，应听从工作人员安排。

（六）滑雪

滑雪时不要选择过长的滑雪板，太长的滑雪板不容易操控。穿鞋时，用力将鞋后的搭扣扣住，把旁边的按钮揿下，放下外裤，踏上滑板，前脚掌先套住，后脚跟使劲地往后蹬。滑雪时宜采用内八字步，熟练以后在滑行中可以采用小八字、中八字、大八字的变换。不要直接挥舞滑雪杖并将身体前倾，很容易冲下山。感觉身体失去平衡时，应该顺势向后倒，随坡度自然下滑，等待慢慢停住。摔倒时不要用手支撑、不要手脚乱动、身体不要翻滚。滑雪时应戴好头盔，保护头部免受撞击。

（七）潜水

良好的身体状况是安全潜水的前提，最好是会游泳，如果不会游泳要请专业教练，对水不要恐惧。饮酒后的人和患有心脏病、癫痫、感冒、气喘、糖尿病、高血压、耳鼻疾病的人不宜参加潜水。潜水前应穿着潜水衣、救生衣、面罩、蛙鞋、配重带等装备，要检查装备情况，状况良好方可使用。遵守潜伴制，避免单独潜水；潜入水中时，水会浸入呼吸管中，所以必须浮到水面上，用力吹气，将水排除；潜水过程中不要屏气；上升速度不能超过每分钟18米；勿使用耳塞，在耳内感到疼痛前，须使耳压平衡；遵守潜水深度限制，尽量避免深度超过 30 米。在海底不要用手脚去触摸一些不认识的生物，以免引起动物的反击。近视的游客可选择有度数的潜水镜，不能戴隐形眼镜到水底。如果潜水时落单了，首先要保持镇定，浮上几米，扩大自己的视野，无法找到同伴时要浮上水面。

（八）攀岩

攀岩是一项充满刺激和挑战的户外项目，攀岩前要选择合适的衣服，不能穿短裤和紧身裤，应要穿宽松的长衣裤和专业的攀岩鞋。攀岩前要选择好攀岩路线，穿戴安全护具、系上安全带和保护绳，戴好护膝、护肩、护肘和头盔，不要佩戴饰物。在攀岩前要做适当热身活动，让身体的肌肉、关节、韧带做缓慢的伸展。在攀岩中，找不到支点时要保持冷静，通过四肢的协调，保持三点贴稳岩壁，身体重心落在前脚掌，减轻手指和臂腕的负担。攀岩要做多重防护，下岩前注意检查保护系统，确保无误之后再下，下岩要面朝岩壁、身体微向后倾斜，也可以用脚蹬岩壁的方式掌握下降的方向和速度。

（九）溯溪

溯溪行前要准备一份溯溪图，还要有 GPS、大比例等高线地形图、急救药包、救生毯、主绳、辅绳、岩钉、岩塞、快挂等装备。除此之外还要有溯溪鞋、护腿、防水衣物、头盔、双肩背包等。攀登技术的基本要领为三点式攀登，即在攀登时四肢中的三点固定，使身体保持平衡，另一点向上移动。在峡谷溪流中多滚石岩块，且湿滑难行，行走时应看准、踏稳，避免因踩上松动岩块摔倒或被急流冲倒。遇到岩石堆穿越、横移、涉水或泳渡时，一定要听从领队的指示要求。遇到瀑布绝壁，其他方法不能实现时，可以考虑爬行高绕的方式前进，即从侧面较缓的山坡绕过去，高绕时小心在丛林中迷路，同时避免偏离原路线过远，并确认好原溪流。溯溪活动一定要组队结伴，切忌单独进入溪谷中。溯溪过程中绝对不可以摸黑赶路，因为溪谷中高低不平，极容易失足受伤。当遭遇天气转坏时，要及早考虑可能所去溪流及上游地区的天气情况，谨防山洪暴发，若发现河水上涨，不可冒险强行涉过。

为避免发生溺水事故，涉水过河时的地点应选择在水最浅且水流平稳处，避免在急流及瀑布上游处渡河，若在水较深处渡河，应先架设好保护绳索或手持一根长杆试探水的深浅，小心地慢慢渡过。如果不幸发生意外灾难或紧急情况，应及时报警并打出 SOS 警报。

五、旅游购物安全

（一）常见旅游购物陷阱

前文已述及，吃、住、行、游、购、娱是旅游六大要素，其中"购"在旅游活动中占重要位置，旅游购物也是旅游资源的一大主类，即旅游购品。旅游购品包括农业产品（种植业产品及制品、林业产品与制品、畜牧业产品与制品、水产品及制品、养殖业产品与制品）、工业产品（日用工业品、旅游装备产品）、手工艺品（文房用品、织品染织、家具、陶瓷、金石雕刻、雕塑制品、金石器、纸艺与灯艺、画作）。旅游者既有游山玩水的体验需求，也有购买旅游纪念品、手工艺品的需求，有些旅游目的地为满足游客的购物体验需求，将购物环境、物品种类、售后服务等发展成为目的地最具吸引力的内容之一。旅游购品是旅游购物资源的核心，也是吸引旅游者购物的根源。

《国务院关于促进旅游业改革发展的若干意见》（国发〔2014〕31 号）第十一条明确提出要"扩大旅游购物消费"，要"实施中国旅游商品品牌建设工程，重视旅游纪念品创意设计，提升文化内涵和附加值，加强知识产权保护，培育体现地方特色的旅游商品品牌。传承和弘扬老字号品牌，加大对老字号纪念品的开发力度。整治规范旅游纪念品市场，大力发展具有地方特色的商业街区，鼓励发展特色餐饮、主题酒店。鼓励各地推出旅游商品推荐名单。在具备条件的口岸可按照规定设立出境免税店，优化商品品种，提高国内精品知名度。研究完善境外旅客购物离境退税政策，将实施范围扩大至全国符合条件的地区。在切实落实进出境游客行李物品监管的前提下，研究新增进境口岸免税店的可行性。鼓励特色商品购物区建设，提供金融、物流等便利服务，发展购物旅游"。

从上述文件可知，国家对旅游购物是持鼓励、重视、规范发展的态度，对于旅游纪念品、旅游特色餐饮、创意文化产品等开发和规范发展是鼓励的，而且还创造各种政策环境和优惠政策发展购物旅游。能买到称心如意的旅游购品是一件很让人愉悦的事，但是也有部分黑心商家和黑心导游联合起来欺骗消费者，让人防不胜防。常见的旅游购物陷阱包括以下几种：

1. "零团费""负团费"等虚假宣传

在当前旅游市场上，仍存在一些小旅行社、黑心旅行社在大肆宣传"零团费""负团费"等旅游报价。所谓"零团费""负团费"，就是负责地接的旅行社从组团旅行社单位得到的接待费为零甚至倒贴。为什么地接旅行社负责吃住、带着游客游山玩水还要自掏腰包？他们不想赚钱？"零团费"等报价旅行社为了弥补上述损失，肯定会降低旅游游览质量和吃、住标准，尽可能缩短旅行社付费旅游行程，增加游客自费项目，尤其是增加游客购物时间和次数，尽量让游客在购物店多花钱，他们能拿到相应的回扣，有时甚至强迫旅游者去购物。在选择旅行社时，一定要找正规的旅行社，大学生群体不要因为自己没有收入贪便宜而光顾"零团费""负团费"旅行团，避免上当。在和正规旅行社签订旅游合同时，应注意查看是否有明确的行程安排和旅游价格，行程安排上是否都有写明包含的旅游项目，是否包含旅游购物环节，如包含，是否必须要购物，防止旅行社变相加价。

在选择旅行社时，还应该注意旅行社的超低价格虚假宣传，这些低价宣传可能不包含机票中的机场建设税、燃油税、游客的人身意外保险费、机场接送费用，而且有的旅行社只提供景区的门票，至于景区内的电瓶车费用、缆车费用等都需要旅游者自己承担。除了查看合同中是否有购物环节，还应该查看合同上是否写清了餐饮及住宿标准。正规的旅行社，在和消费者签订旅游合同时，会写明一日三餐的具体费用和就餐地点、菜品标准（如果早晚餐不含的话会注明），餐饮合计费用计入旅游总费用中。旅游合同中，还应写明在餐饮质量不好、达不到旅游者满意情况下，旅游者是否有权终止旅行社或导游提供的餐饮安排，如果终止是否要退还餐费，退还比例是多少等信息。在住宿条款中，要写明是大床房、标准间还是套房，如果是星级房是什么星级，有否挂牌等。

2. "黑导游"横行市场

凡是进入旅游市场从事导游工作的，不管是带团导游还是地接导游、景点导游，都要通过由各省市区组织的全国导游人员资格统一考试并获得导游证，如果带团上岗的话还需要有上岗证。导游证是由文化旅游管理部门统一颁发，形状为 IC 卡大小，证中间为持证人近期免冠正面照片。证件需要每年进行年审，如果导游欺骗、强迫旅游者消费，甚至诱导或是安排旅游者参加黄、赌、毒活动等，旅游者可向文化旅游主管部门举报，那么这名导游将受到不予通过年审的惩罚，此后也不能带团。当前旅游市场中部分旅行团会抛出"由资深导游陪同"的诱饵，但事实上导游提供的服务并不好，态度不友好、经常迟到、随意甩掉游客等，所以一定要找正规的旅行社和持证导游。

3. 旅行社擅自增加、减少、更换行程路线和景点

我们已多次强调，购买旅行社的旅游产品一定要到正规的旅行社，有的街边旅游车辆、服务人员在街边随机拦截过往行人，以价格低廉为诱饵吸引旅游者进行周边游，这些车辆和人员很有可能是没有资质的"三无"人员：无法达到国家旅游车资质标准、无旅游资质培训、无旅游车经营许可证。就算是正规的旅行社，在确定行程时也应该注意旅行社是否有擅自更改的事项，如有的旅行社将交通工具擅自更改，有些旅行社和导游以"买不到机票""买不到高铁票"为借口，安排游客坐大巴车返回集散地或客源地，导致游客在时间和金钱上受损、旅游体验上受损，这种情况下消费者应该向旅行社索要因更换交通工具而导致的差价和时间损失。

在行程安排上，要谨防旅行社用模糊的行程来进行自由操作，行程表在签署合同时基本上出发时间、返回时间、每天游览景点、一日三餐地点和时间等

都是确定的，旅行社安排的自费项目、是否自愿参加以及收费标准等也是确定的，如果没有明确，就给旅行社、地陪导游留下了比较大的自由操作、任意更改行程及服务标准的变化空间，进而侵害消费者合法权益。行程安排上，要查看是否存在早出晚归、购物时间长、景区实际游览时间短、各景点间隔不合理、风景名胜景区安排少等漏洞，如果要求增加知名景点的游览，可能还要自掏腰包。

在有些旅行社宣传材料中，我们经常看到的"998 元游新马泰"等低价出境游，这种以诱惑团价吸引不明事理的消费者参加出境游，往往会在消费者缴纳了团费后旅行社又擅自在途中增加旅游景点、强行加收"自费项目费"、增加购物环节等。遇到这种"低价出境游"时，如果接待导游有强迫消费的举动，应向导游或商店索要有效票据，并利用摄像机、手机将过程拍摄下来，以便保留证据。

4. 强制参观高价购物店

到外地旅游，很多人会选择买些当地特产和手工艺品。如果是自己出游，可以到当地的大型百货市场、超市去购买，并且可以向当地人打听一下行情。如果是参加旅游团，买什么特产、去哪里的商店买，消费者就没有发言权和选择权了。许多游客在参加团队出游时会碰到旅游进出购物店购物次数多、时间长的现象，尤其是有些导游严格限制了游客在景区的游览时间，但从不限制购物商店的游览时间。这些购物商店基本上是促销人员多、顾客少，促销人员都会大力吹捧店内商品的价格和优惠力度。而且很多玉器店、茶叶店、土特产店、银器店等跟旅行社和导游都有合作，导游带到购物店里的游客越多，拿到的回扣就越多，如果游客不买，甚至还有辱骂游客事件发生，如云南导游因为游客不购物而骂游客"像貔貅只吃不拉""旅游车是给有德行、有道德、有良心的人坐的"。

5. 购物店里陷阱多

购物店里的店长和员工很多都是察言观色的老手，惯用伎俩是以"老乡"名义设置陷阱。很多购物店以旅游团客源地为入手角度，安排相同籍贯的店员接待该旅游团，在接待时会以"老乡见老乡，两眼泪汪汪，我给你个成本价，你也帮我一个忙"为交流语言，来博得游客的老乡情谊，在购物店中，很多游客都会遇到如此热情推销商品的"老乡"。这时，一些游客就会放松警惕，产生对"老乡"的信任而慷慨解囊。因此，在购物中一定要擦亮眼睛，捂好钱包，不要被虚假的同乡情蒙蔽双眼。有很多号称"特色"的购物店里也有陷阱，这些店面利用游客在外地想买一些特色、特产的心理，用很低的价格从批发市场上购买一些玉器、银器、文玩、食品等，在给游客介绍的时候声称是"当地特色"，并高价卖出，所以如果你不想买，最好不要动，也不要问，以免被碰瓷，如果导游强制你购物，可拿起电话向市场监管部门投诉。央视财经频道《消费主张》记者曾在四川、云南体验了低价旅游团，并在报道中揭露了这些存在强制诱导购物的旅游团①，该报道显示，进价 100 元的翡翠卖价通常在几千到几万元，店内的精油、银器、玉器、咖啡等商品都给旅行社和导游回扣，其中精油的回扣高达 85%，最低的特价茶叶、手工艺品和土特产回扣也达到 20%。所以在特色购物店内购物时，要提前确定自己是否要买特色产品，不要被商家的宣传蒙蔽。

有的商家利用游客追求平安、图吉利的心理，极力给游客推销"平安符""平安玉佩""百财摆件"等物品，还声称能保证游客"升官发财""平安吉祥"。追求平安、吉祥、顺利是每个人的心愿，但不是花钱买个玉佩就能保平安的，这些"保平安"商品的实际意义不大，如果自己能接受，觉得花钱不多图个吉利，也应该理性看待。

6. 宗教景区许愿购物要谨慎

有的人喜欢自然风光，有的人喜欢人文风情，也有的人喜欢古刹寺庙。游客在随旅游团到寺庙游览时，有些导游会建议游客烧香、许愿。个别寺庙也会在旅游旺季推出诵经、请香、还愿等活动，每个活动都会向游客收取几十至百元甚至千元的费用。有些寺庙和导游让游客去购买庙里的护身符、玉佩等物品，再花大价钱去"开光"，从而又会收取不少费用。

---

① 央视曝云南旅游购物黑　幕翡翠回扣高达 85%［EB/OL］. http：//finance. sina. com. cn/consume/puguangtai/2016 - 05 - 05/doc - ifxryhhh1646963. shtml.

（二）强制购物应对

大多数强制购物现象发生在低团、零价团中，因为旅行社要以超低价格吸引旅游者参团旅行，在出游过程中通过强制购物来抽取提成获得利润。为了防止被低价团、黑导游和无良商家欺骗，大学生出游群体需要从以下方面进行应对：

1. 谨慎选择低价团

"免费北京一日游""200元游港澳""998元游新马泰"，这些以超低价团费吸引消费者参团的广告多半是骗人的，旅游产品价格下降是生产技术成熟、市场充分竞争的结果，意味着普通大众可以广泛地参加旅游活动，对于没有收入的大学生群体来说也可以选择质优价低的景区游览。但是这个"低价"要理性地看待，如果说大部分企业的产品价格低于市场平均价格或许是合理的，但是如果低于企业的成本价格（采购原料＋人工＋商业运作），消费者就应该提高警惕，要知道，资本是逐利的，没有商家会做赔本的买卖。所以，要避开"零价团""低价团"。

2. 签订旅游合同，仔细阅读条款

在选择组团出游形式后，一定要选择正规运营的旅行社，要注意查看旅行社的"三证一险"（营业执照、税务登记证、旅行社经营许可证这些都挂在墙上，还有旅行社责任保险），还应注意旅行社是否具备正规发票、管理制度、线路行程报价、旅游保险、社聘导游等一系列规范管理。要选择上述证件齐全、制度规范的旅行社，不要为了贪图一时便宜找没有质量保障的旅行社或"黑"旅行社。一定要与旅行社签订旅游合同，一定要在合同中明确双方的权利、责任和义务，如果在旅途中发生经济纠纷，那么合同就是最重要的法律依据。在签署合同时，一定要仔细阅读合同全部条款，尤其是对于一些容易引发经济纠纷的事项，如饮食数量及标准、住宿地点及标准、各段旅程交通工具选择、是否给导游和司机小费、对特殊人群（残疾人、老人等）是否额外加收费用、是否有购物项目、是否必须购物等，都要在合同中明确说明，避免在旅途中因规定不明确而发生纠纷。

3. 旅游者权益受侵害时维权途径

《旅游法》规定，当旅游者认为其合法权益受到侵害时，尤其是经济受到损失时，有以下维权方式可供选择：旅游者如果与旅行社、旅游商店在旅游经济方面遇到纠纷可通过双方进行协商解决；如果协商不成，旅游者可以向消费者协会、当地旅游投诉受理机构或者有关调解组织部门申请调解；调解失败的可根据与旅行社等旅游经营者达成的仲裁协议提请仲裁机构仲裁；同时，旅游者也可以向法院提起诉讼。旅游者可以根据自身所处环境、权益受侵害的程度、实际存有事实证据、对赔偿金额的期望值高低等因素结合旅行社对纠纷事件的处理态度和结果来选择维权途径。

4. 避其锋芒，保存证据，择机投诉

内地游客在香港因购物问题被围殴身亡、北京旅游团被锁购物店 3 小时、云南导游对不购物游客进行语言攻击、中国游客因强制购物在泰国上演深夜逃亡……这一系列的因购物引发的纠纷、热点事件甚至是命案，都指向了强制购物纠纷，有的商家依仗在自己的"地盘"上，对游客进行语言、人身攻击。大学生群体社会经验少，如遇到强制购物或擅自改变旅游项目增加购物环节的，应即时据理力争，向导游说明问题；如发生纠纷不能解决，首先应确保自己的人身安全，不要在购物店里、旅游大巴车上发生冲突，一旦在封闭空间发生冲突，后果很难预料，所以要避免将矛盾激化。强制购物环节中要保留相关证据，待旅游结束后到旅行社反映尝试协商解决，如双方不能达成和解，旅游者可致电该社主管部门或旅游质量监督部门投诉，也可以登录 12315 网站、12301 旅游网络投诉举报平台进行投诉或拨打 12315 投诉电话。

如果导游联合购物店对游客进行人身限制并强制购物怎么办？毕竟在人家的"地盘"上，必要时可以根据自身经济条件和购买兴趣适度购买一些有价值、有纪念意义、可以使用的旅游购品来暂时缓和矛盾，同时要保存证据，待旅行结束后按上述途径进行投诉。

六、旅游娱乐安全

（一）专门性娱乐场所娱乐安全

1. 概念及设立

《娱乐场所管理条例》（国务院令第 458 号，2016 年修订版，以下简称《条例》）中规定的娱乐场所是指以营利为目的，并且向公众开放、消费者可参加其中的娱乐活动或自娱自乐的歌舞、游艺、游戏、休闲等场所。《条例》规定，娱乐场所中的经营活动，必须要向所在地区县级政府的文化主管部门（文化和旅游局）提出申请，文化主管部门实地检查，公安部门、消防部门配合检查合格后才能予以批准经营，并颁发娱乐经营许可证；中外合资经营的娱乐场所从事经营活动需向所在地省级政府文化主管部门提出申请。娱乐场所的设立和运营应符合相关消防、卫生、环境保护等法律、行政法规规定并办理相关审批手续。

一般情况下，居民楼内不允许设立娱乐场所，博物馆、图书馆，文物保护单位建筑物内也不允许经营娱乐活动；学校、医院、机关单位周围，火车站、汽车站、机场等人群密集的场所也不允许设立娱乐场所；建筑物内地下一层以下不允许设立、经营娱乐场所；与危险化学品、易燃易爆物品仓库毗连的区域也不允许设立娱乐场所。

2. 娱乐场所消防安全

在进入影剧院、礼堂、歌舞厅、KTV、夜总会、游乐场、休闲馆等场所时，应留意该场所的消防设施是否完备、消防通道是否通畅、电源和火源管理是否符合规定。改建、扩建的公共娱乐场所或者新装修的娱乐场所，其消防设计应符合国家建筑消防技术标准和《公共娱乐场所消防安全管理规定》的规定。正常营业的公共娱乐场所应有多个安全出口，安全通道的疏散宽度和距离应该能容纳多人并排行走，场所内安全出口不应设置门槛、台阶，查看疏散门是否开启且应向外开，如果是用卷帘门、旋转门、侧拉门设置的安全出口，存在一定的消防隐患，出口不应有门帘、屏风等遮挡物，以免在危急时刻影响疏散。根据规定，娱乐场所在营业时安全出口和疏散通道应该是开启且畅通无阻的，如果安全出口上锁、阻塞了，要立刻离开。进入娱乐场所，要查看安全出口、疏散通道位置，查看通道和楼梯口是否设置有灯光疏散指示标志和应急照明灯，这些指示标志一般设置在门上、疏散通道或转角处距地面一米以下的墙面上，而且灯是亮的，如果发生火灾或其他紧急事故，疏散标志和照明灯是亮的，按照指示标志迅速离开建筑物。

3. 娱乐场所人身安全

有些新潮大学生在外出旅游时喜欢到当地娱乐场所休闲，在娱乐场所应该注意人身安全，尤其在酒吧、夜店、慢摇吧等娱乐场所。这些娱乐场所一般灯光昏暗，看不清舞池、台阶、水渍，极容易跌倒、滑倒，紧急情况下容易发生拥挤、踩踏事故，所以进入这种娱乐场所时最好不要穿紧身衣、高跟鞋、人字拖等不便行动的装备。娱乐场所里鱼龙混杂，社会上三教九流的人都在这里汇集，难免会有一些人在此进行黄赌毒活动。在进行娱乐、休闲活动时，一定要提高警惕，不要一个人进出娱乐场所，尤其是面容姣好、穿着时尚的女大学生不能单独行动，很容易成为图谋不轨者的目标。不要喝别人递过来的酒、饮料，不要吃来源不明的食物，以防别有用心的人在食物和饮品里下"迷幻药"。尽量找人多灯光比较亮的地方坐，以免被人"揩油"、偷盗财物。在外饮酒时，一定不要超过自己的最大酒量，要努力克制自己慢慢喝，如果不想饮酒，可用无色饮料或纯净水代替。饮酒前，要保持电话畅通，出现紧急情况可迅速报警或寻求帮助。在上厕所或接电话暂时离开桌面后，回来应将杯中剩余酒倒掉或重新向服务人员要一个杯子，以防被人在杯中放不明物品。娱乐结束前，一定要保持清醒，不能贪图享受而喝得不省人事，防止出门后吹风酒醉，在酒吧门外，经常会有一些图谋不轨的人在等独身女子喝醉后将其带走，在网络上被称为"捡尸"，喝醉的女孩子可能会被拍裸照甚至被性侵犯。如果自己醉酒无法行走，尽快打电话找同行游伴来接送。

4. 娱乐场所财物安全

在娱乐场所消费时，应注意保管随身的贵重物品，尤其是钱包、手机、相机等，在灯光昏暗的酒吧、舞厅难免会有扒手。其次在消费过程中要注意查看酒水单，对于价格没有明确标识的应避免消费，对于价格标识模糊的应向服务人员询问清楚，如100元的饮品是一瓶还是一杯，38元的大虾是一盘还是一只，90元的烧烤是一斤还是一串。如果条件允许，最好在询问价格的时候录像、录音，在遭遇结账纠纷时作为证据向监管部门投诉。

在旅游目的地的娱乐场所消费时，应注意甄别"酒托""饭托"。有些人在网络上结识了所谓的"网友"，当网友发出邀请要"一起吃饭""一起喝酒"时，尤其是对方指定了见面的餐厅或酒吧时，应当擦亮双眼，有些高档消费场所会安排所谓的服务员在网络上找人聊天、交友，待时机成熟后会把对方约出来见面，诱骗消费者至高档餐厅或酒吧进行高消费（专门点贵的菜品和饮品），而对方碍于面子只能被宰。当被宰的消费者结账付款时发现被骗要报警或拒绝付款，对方（酒托和经营者通常是串通好的）会用暴力手段或威胁消费者人身安全，尤其是外地的受害人只能选择"破财免灾"。

（二）辅助性娱乐设施或活动

1. 设置在旅游饭店中的娱乐设施

通常我国的涉外饭店中都会设置一些可供宾客使用的娱乐设施，在三星级以上的酒店中一般都有比较完善的娱乐设施和服务，如健身房、歌舞厅、桑拿浴室、保龄球馆、美容美发中心、游泳池等，这些旅游设施面向全体宾客开放，极大地充实了旅游者在旅途中的娱乐活动项目和内容。

酒店中的娱乐设施相对集中，健身房、桑拿间、游泳馆会集中在一层或几层楼中，旅游者可通过电梯直达该楼层，并使用房卡进入设施内部，在进入门厅后会有专门的接待区域和服务人员，进行完娱乐活动后有专门的淋浴、更衣、卫生等设施供宾客使用。在更衣、娱乐、淋浴各环节，应保管好随身携带的贵重物品，保管好柜子吊牌或钥匙。娱乐活动应遵守酒店的相关规定，以免引起身体不适或发生意外。以蒸桑拿为例：蒸桑拿时不能空腹、不能饱餐，以免引起虚脱或影响消化；激烈运动后也不宜立刻蒸桑拿，以免引起休克；蒸完后不宜立即接触冷空气，防止温差大引起心血管剧烈收缩而导致中风；蒸桑拿前应多补充水分，以免引起热衰竭等现象；患感冒者、过度劳累或饥饿者、饮酒者不宜蒸桑拿。如酒店内的健身房，在使用过程中应注意劳逸结合，根据自己身体素质安排健身项目和健身时间，切不可贪图免费而长时间锻炼导致肌肉拉伤或疼痛，从而耽误行程。

2. 旅游景区中的娱乐设施及活动

在一些度假区、度假村或风景区，经常会设置专门的娱乐旅游活动场所，通常在依山傍水、林间幽地、海滨沙滩周边，设置宿营、沙滩浴、疗养、冲浪、潜水等专项特色娱乐活动项目；或是在大型主题公园、民俗文化村等创作的演出活动，以独特资源和舞台效果吸引旅游者参与。

在宿营、冲浪、潜水等专项活动中，应遵循活动场所内规定的安全规则，并参考本书游览安全指南章节中的安全注意事项，保管好随身携带的贵重物品，根据自身条件选择娱乐活动，谨防溺水等意外发生。

在不了解当地民俗的时候，应谨慎参加当地的民俗风情游戏。如在西双版纳旅游时，当地的少数民族少女身着特色服装，热情邀请游客玩抢亲游戏，这些少女会把一个称为"幸运符"的小葫芦挂在参与游客的脖子上，就开始抢亲、送洞房的游戏。这时景区的"主婚人"会告诉游客如果想要"入洞房"的话，就必须拿出"聘礼"，也就是要拿出红包。游客脖子上挂的小葫芦就成了少女的嫁妆，你需要付聘礼的钱，也可以认为是让游客把这个小葫芦高价买下来，如果不买的话是不允许游客离开的。在游客购买小葫芦、付聘礼之后，抢亲游戏宣告结束。如果游客拒绝购买的话，主婚人就会说游客不尊重当地的婚姻习俗，甚至有的还会采用威胁恐吓手段。大多数游客为了尽快"逃离"，会将小葫芦购买下来。价格从几十元、几百元到上千元不等。所谓的旅游体验，参加抢亲游戏，不过是花钱做冤大头的"新郎"。

还有前文述及的在某些宗教场所烧香拜佛、让游客买护身符和玉佩、物品开光等行为，也多数存在推销纪念品、拉游客"入坑"的嫌疑，在遇到时应谨慎对待，提高警惕性。

七、旅游目的地社会治安突发事件安全防护

（一）拥挤踩踏

1995 年我国开始实行每周 5 天的工作制，1999 年国务院发布了《全国年节及纪念日放假办法》，增加了春节、"五一"和国庆三个黄金周（法定假日 3 天，加上调休），每个小长假掀起的出游热潮逐渐成为我国经济生活的新内容。2007 年，国家法定节假日进行调整，总天数由 10 天增加到 11 天，"五一"国际劳动节由 3 天调整为 1 天，新增清明、端午、中秋为国家法定节假日，各休假 1 天。2013 年国务院对春节假期进行修改，放假起止天数改为农历正月初一、初二、初三。小长假成为我国城乡居民选择出游的重要时间段，大批上班族群体选择在小长假到著名景点、城郊游憩带出游。2019 年，清明假期中全国国内旅游接待总人数为 1.12 亿人次，"五一"假期共接待国内游客 1.95 亿人次，国庆假期共接待国内游客 7.82 亿人次。在短短数日内，各大景区要接待几万甚至几十万游客，大大超过各景区的承载能力，尤其是在著名地标建筑、网红打卡地，大量涌入的人群极易造成拥挤和踩踏事故发生。

景区拥挤和踩踏事故最惨痛的教训莫过于"12·31"上海外滩踩踏事故。2014 年 12 月 31 日 23：35 左右，在上海外滩陈毅广场发生拥挤踩踏事故。事故共造成 36 人死亡、49 人受伤，其中伤者多数是在校学生。事故当晚有成千上万的人群涌入黄浦江两岸观看跨年灯光秀，在事故发生地点，楼梯最低处有人被拥挤的人群挤倒，周边人群试图拉起他们并大声呼喊有人摔倒，但是嘈杂的人群迅速淹没被挤倒的人，摔倒的人被迅速涌来的人浪压住无法动弹，现场形势逐渐失控，最终酿成多人死伤悲剧。陈毅广场位于上海市外滩中山东一路南京东路口东侧，是为了纪念新中国上海市第一任市长陈毅元帅而建，目前是上海市的旅游景点，因地处外滩中心地段、观看陆家嘴夜景角度极佳而吸引着

众多中外游客和当地市民游览、休闲（上海外滩拥挤踩踏事件调查报告请点击 http：//news.sohu.com/20150121/n407957544.shtml 查看）。

避免拥挤踩踏，首先要做到在楼梯、通道、天桥、景区入口等狭窄处不嬉戏打闹，人多的时候不要拥挤、起哄，更不能制造紧张或恐慌氛围。在景区步道、楼梯、人行道上要靠右行走，做到不跑、不闹、不追、不逆行。在景区、广场、步行街，尽量避免去拥挤的景点、店铺或人群中，如果不小心走到人潮中，尽量走在大量人群的边缘。发现拥挤的人群与自己行走方向相反时，应立即躲避到一边，尽量找墙边、垃圾桶、路灯等物体靠近，不要慌乱、保持镇定，不能随人流奔跑，避免摔倒。如果没有可以倚靠的物体，就选择顺着人潮走，千万不能逆着人流前进，否则极容易被人群推倒。

如果你不小心卷入拥挤的人群，一定要双腿站稳，身体不要前后倾斜以免失去重心；如果鞋子被别人踩掉，也不要在人群中弯腰捡鞋子、系鞋带。尽量沿着建筑物边上行走，找可以抓住的坚固物体慢慢挪动或停下，等人群过去后迅速离开现场。如果自己不小心被人群绊倒，要想方设法靠近墙角、建筑物，双手十指交叉相扣放在后颈部，双肘向前，身体蜷成球状，护住后脑、颈部、太阳穴，双腿蜷缩，尽量向前屈，双膝护住胸膛和腹腔等重要器官，在地上侧躺。

在拥挤人群中走动，当遇到楼梯或台阶时，尽量抓住扶手、倚靠墙边，防止摔倒；时刻保持警惕，当发现旁边有人情绪急躁、动作粗暴或人群开始骚动时，用一只手紧握住另一只手的手腕，手肘撑开，平放于胸前，稍微弯腰，胸前形成一定空间，防止被人群挤压身体，保护自己。

发现人群骚动时，要注意脚下，不要被杂物绊倒，避免自己绊倒成为拥挤踩踏事件的起源。当发现同向前方有人摔倒，应立刻提高警惕，停下脚步、大声呼救，告知后方人群不要向前拥挤，不要怀着好奇心理前往拥挤人群中心；面对惊恐的人群时，要保持情绪稳定，不能被别人感染；如果参加室内活动时遇到停电事故，不要起哄、喊叫、走动，每座建筑物内均有应急照明灯，要听从现场指挥人员口令，有序离场，保持安静。如果出现拥挤、踩踏事故，马上拨打 110 或 120。

（二）溺水事故

在去河流、湖泊、水库周边游玩时，应预防溺水事故发生。通常游泳池、河流、水库、池塘、溪边、海边等场所容易发生溺水事故，这些发生事故的人既有不会游泳的人，也有水性好、会游泳的人。在这些地方游玩时，一定要谨慎小心，不要以为自己会游泳就不会出事。在野外水域，因为水底状况复杂，既有长势不明的水草，也有松散的淤泥、长苔藓的石块，极容易缠住脚、陷入泥沼或滑到深水区，有些水面看似平缓、平静，但水下却暗藏漩涡，很容易把人冲走。

在河流湖泊、水库边上休闲、游泳时，不要独自下水游泳，不要到不熟悉的水域游泳，如果到河湖、海边游泳时，最好找个游伴相陪，不可单独游泳；在地质情况复杂的峡谷地带，因为水底深浅不一，加上有很多障碍物，应尽量不要在此下水；下水前应试一下水温，如果水太冷应避免下水；下水前要观察游泳处周边的环境，如果有危险警告，不要在此处游泳；下水时不要太饿、太饱，饭后要休息一小时再下水，以免出现抽筋情况；如果进行跳水活动，在跳水前应确保水深3米以上，并且水底没有杂草、碎石或其他障碍物，最好先下脚试水是否安全；在海边游泳时，不要向海洋深处游泳，最好沿着海岸线平行方向游，以免出现陡深的海底，如果自己游泳技术不好或体力不充沛，应盯住海岸某一处标记，如果发现自己被冲出太远，要调整方向，确保安全。

下水前要做好热身活动，避免出现抽筋。如果出现手指抽筋，应先将手握拳，再用力张开，迅速重复几次，直到抽筋好转为止；如果是小腿或脚趾抽筋，先深吸一口气仰浮到水上，用手握住抽筋小腿或脚趾，并用力向身体内侧拉，同时用手掌压在抽筋肢体的膝盖上，使抽筋腿伸直；大腿抽筋也可以采用拉长抽筋肌肉方法来解决。

如果同伴出现溺水，首先应保持镇静，可将救生圈、鱼竿、竹竿、木板等物体抛向溺水者，将其拖拽至岸边；如果没有上述救护器材，可将衣服连在一起当作绳索扔向溺水者；如果确实需要下水救人时，应大声向他呼喊，让其不要惊慌。下水救溺水者时，不要从正面去拉他，防止被溺水者抓、抱。施救者应绕到溺水者的背后或潜入水下，从其腋下绕过胸部，然后握其右手，以仰游姿势将其拖向岸边，也可以在溺水者背后拉其腋窝拖带上岸。为避免溺水者将施救者拉入水下，施救者在接近溺水者时要尽量转动他的髋部，使其以仰泳或侧泳姿势背向自己再开始拖拽。如果施救者不会游泳、不熟悉水性或不了解现场水情，不要轻易下水，应向众人呼救或报警求援。

将溺水者抬上岸后，立即清除其口腔、鼻腔内的污泥、污水，用手指将溺水者的舌头拉出口外，防止其窒息；解开衣扣、领扣，保持呼吸道通畅；环抱伤员腰腹部，使其背朝上、头低垂排出胃部和口腔污水，或施救者半跪，将溺水者腹部放在施救者腿上，使其头部低垂，用手快速平压背部排水。如果溺水者停止呼吸，应立即进行人工呼吸，在清除口腔杂物后一般以口对口吹气为最佳，施救者位于溺水者一侧，托起其下颌，捏住其鼻孔，深吸一口气后，往其嘴里慢慢吹气，等胸廓稍微抬起时再放松鼻孔，反复且有节律地（每分钟吹16～20次）进行，直到溺水者恢复呼吸为止。如果溺水者心跳停止，应迅速对其进行胸外心脏按压，让其仰卧，头低稍后仰，施救者位于溺水者一侧，右手平放于其胸骨下段，左手压在右手手背上，慢慢用力下压，将胸骨压下4～5厘米，不要用力太猛、压得太深，以防胸骨骨折，然后慢慢松手使胸骨复原，反复而有节律地（每分钟60～80次）进行，直到溺水者心跳恢复为止。

（三）恐怖事件

2009年7月5日，新疆乌鲁木齐市发生打砸抢烧严重暴力犯罪事件，造成多人伤亡和大量财产损失；2014年2月27日，贵阳市发生公交车人为纵火案，导致6人遇难35人受伤；2014年3月1日，昆明发生严重暴力恐怖事件；2015年11月13日，法国巴黎发生了至少6起枪击和3起爆炸事件，造成至少197人死亡……恐怖袭击其实离我们并不远，我们的社会治安很稳定，但是我们也应该学习如何在恐怖袭击、极端暴力事件发生后求生。

恐怖分子和极端分子通常采用爆炸、枪击、劫持、纵火等手段进行袭击，有时也会采用生物恐怖袭击（如炭疽病毒邮件）、化学恐怖袭击（如东京地铁沙林毒气袭击事件）、网络恐怖袭击活动（攻击电脑程序和信息系统）。识别恐怖分子和极端分子是预防恐怖事件发生的关键，在机场、车站或大型集会现场，应注意观察不同寻常举止行为的人，对其提高警惕，例如：着装、携带物品与季节不协调，与其身份明显不符的；冒称你的熟人对你假献殷勤者；在查票、安检过程中，神色慌张、态度蛮横、催促检查或不配合接受检查的；短时间内频繁进出车站或大型活动场所的；反复在警戒区附近转悠且神色可疑的；与公安部门通缉的嫌疑人员或犯罪分子疑似的。除了观察嫌疑人之外，还应注意观察周边车辆及物品，看是否有车门锁、后备厢、车窗等部位有明显撬压痕迹的车辆，是否车体周边有异常导线或细绳的车辆，是否有违规停留在人群密集场所的车辆；是否有神色惊慌、催促检查人员，并且发现警察后躲避的；身处周边是否有臭鸡蛋味（黑火药含硫化氢）、氨水味道（硝铵炸药）。

如果恐怖分子采用爆炸袭击，可能会把炸药放在某地标志性建筑物内外，或是大型活动场合中、人口密集场所、行李包裹手提包内、宾馆饭店娱乐场所内、交通工具上等，如果发现可疑爆炸物，不要惊慌、不要触碰，马上报警、迅速撤离。如果有恐怖分子和极端分子声称某地有爆炸物，或要匿名威胁爆炸，不能心存侥幸心理，应尽快撤离现场，细致观察周边可疑人和事物，迅速报警并用照相机、手机记录下周边情况。

如果恐怖分子在地铁内、体育场馆、娱乐场所、宾馆饭店、集贸市场等人群聚集地点实施爆炸行为，若身边有报警按钮、消防按钮，要迅速按下，使车辆司机、周边人群知晓报警信号，迅速有序撤离现场，一边撤离一边观察周边的安全疏散指示标志，尽量撤离到空旷地带，远离爆炸现场。如果是在地铁等封闭空间，迅速找到附近的消防器材进行灭火，身上不小心着火时，不要奔跑，这样会加重火势，应该就地打滚将火压灭。逃生时不要贪恋财物、不要乘坐电梯，应迅速寻找毛巾、衣服等物品捂住口鼻，弯腰快速向外走动，同时注意观察周边可疑的人和事物，尽量记录相关证据，到安全地带后拨打报警电话，待警察到达事故现场后，应详细向警察描述事件经过。

如果在公共汽车上遇到纵火恐怖袭击，首先应保持沉着冷静，迅速开启车门下车，如果车门关闭无法打开，应就地灭火，用随车灭火器扑灭；如果火焰较小但车门无法打开，用衣服、随身物品蒙住头部，用安全锤砸开就近车窗翻身下车；如果衣服着火应迅速脱下衣服，用脚将火踩灭，或就地打滚压灭火苗。列车上遭遇纵火恐怖袭击时，首先应保持沉着冷静，不能盲目拥挤，要听从列车人员指挥，迅速从车厢前后门逃生，如果车门无法打开，可用坚硬、尖锐的物品将窗户一角砸破，再破坏整个车窗，迅速逃离现场；如果列车一直在前进，选择在平坦路段择机用摘挂钩与着火车厢脱离。如果在公共场所遇到纵火袭击，首先应分清安全出口方向，迅速逃离；根据所处楼层选择逃生途径，选择从门口或窗口跳出，利用楼梯、观景平台、安全绳逃生，过程中要注意防止吸入烟雾中毒，用水打湿衣服捂住口鼻低姿行走，逃至火势较小区后发出救援信号。如果在隧道、地铁内遇到纵火袭击，应迅速寻找隧道里的避难通道或安全通道，不要躲在车里避难，听从工作人员指挥迅速撤离，如果地铁车门打不开，可利用身边的坚硬物品击打破门。

被恐怖分子、极端分子劫持后，要保持冷静，不要强硬反抗，不要与其对视，不与其对话，缓慢地趴在地上，迅速把手机改为静音，用短信等方式向110求救，短信中表明自己所在位置、恐怖分子人数、人质人数等；悄悄观察恐怖分子人数、面貌、主要头领，便于事后提供相关证据；在警方发起突击时，要趴在地上，在警方的掩护下迅速撤离现场。

如果在公共场所遇到枪击，应迅速找到掩体掩蔽，降低身体姿势，利用柜台、桌子、沙发、吧台、衣架等躲避；如果室外出现枪声，不要好奇抬头观看，迅速报警，如果受伤要马上实施自救，记录相关证据，待警方到场后协助警方调查。

当恐怖袭击发生后，闻到了异常气味、看到异常烟雾，周边动植物快速死亡，自己出现恶心胸闷、皮疹、惊厥等情况，或观察到现场有遗弃的防毒面具，不明外表的桶、罐等，这时，你可能遭遇到了化学袭击。这时要保持镇定，不要惊慌，利用环境设施和随身携带的纸巾、衣服等遮掩身体和口鼻，避免或减少毒物的吸入和侵袭。尽快寻找安全出口或干净空气区域，迅速有序撤离污染区域，一定要逆风撤离。到达安全区域后应及时报警，请求救助；尽快采用催吐法自救，使毒物尽快排出，听从现场工作人员的指挥，待警察到场后配合做好后续工作。

（四）抢劫

我们身处在和平年代和法治社会，社会秩序是稳定的，但还是有一些不法分子破坏社会法治与社会和谐，实施拦路抢劫、入室抢劫等犯罪行为，根据《中华人民共和国刑法》第263条，抢劫罪是指"以非法占有为目的，对财物的所有人、保管人当场使用暴力、胁迫或其他方法，强行将公私财物抢走的行为"。在此所称的暴力，是指抢劫行为人对被害人的身体实行打击或者强制，以此来排除被害人的反抗，从而劫取他人财物的行为。对于抢劫罪犯来说，最基本的目的是抢取财物，并侵犯他人人身权利。

什么样的人容易有抢劫动机并实施犯罪行为呢？公安部发布的数据显示，抢劫作案者群体多是教育程度低、穷困潦倒的25岁以下男性青年，这些人一般还会有其他的犯罪行为和经历，如偷盗、斗殴、吸毒、贩毒等。这些人奉行及时行乐的人生态度，抢劫得来的财物一般用来赌博、嫖娼、购买毒品或金银首饰等物品，所以劫得财物通常会很快用完，进而又再次实施抢劫行为。还有一类群体是13~18岁的学生群体，一般会对单独行走或结伴人数少、性格内向的学生群体实施殴打、控制、抢劫等行为，这些青年学生在心理上表现出控制欲，通过对被害人的殴打、辱骂来释放愤怒，并很享受控制他人、高高在上的过程，抢劫得来的财物也挥霍得快。如果这些学生没有及时受到教育引导，也会发展为前述抢劫青年群体。

1. 拦路抢劫情况应对

在外旅游遭遇到抢劫时，首先应提高警惕，认为自己的生命随时可能受到威胁。如果和抢劫罪犯有一定距离且认为自己有能力逃跑，应立即跑至灯光明亮的商店、饭店、行人较多的街道，不要往黑暗处、小胡同里跑。如在奔跑过程中路过公交站且有公交车停车上下客，可以跑上公交车求助。如果是女同学遇到抢劫，经过对抢劫犯的观察确定无法摆脱，要先冷静分析歹徒的犯罪目的，如果只是劫取财物，应暂时满足其要求，果断舍弃随身财物，保证人身安全，避免受到人身的伤害。一般情况下，犯罪分子在实施犯罪的时候会有对犯罪过程安全感的追求和犯罪行为得逞后的满足，即要在安全的环境中劫得财物且受害人不会反抗，这样犯罪分子就可以顺利达到犯罪目的。

　　在遭到抢劫时，要主动给歹徒呈现一些信息，让他感受到你为了人身安全愿意配合他的犯罪目的并可以交出随身财物。在与其沟通的过程中要主动示弱，暂时先不要强硬面对，以免激怒犯罪分子，使其对自己人身安全造成伤害。有专家指出，遭遇持刀抢劫时受伤害的可能性要比遭遇到徒手抢劫受到伤害的可能性低很多。在持刀抢劫案中，犯罪分子因为携带武器，对局面的掌控可能会更自信，从容地实施犯罪行为能让他在对峙过程中评估伤人的严重后果；而被害人也因为观察到犯罪分子携带的致命武器而不会轻易产生剧烈抵抗。如果犯罪分子实施徒手抢劫，受害人因为没有看到致命武器，会有反抗心理，产生的恐惧也更小，进而可能会实施剧烈反抗，在反抗过程中，犯罪分子为了保证安全的犯罪环境，可能会对受害人加大伤害力度以完成抢劫行为。在双方对抗过程中，受害人极有可能受到人身伤害（不排除徒手抢劫犯会随身携带刀具等武器），而犯罪分子也因为突然出现的反抗，超出他对安全的预期，可能会产生紧张心理，在这种心理控制下，犯罪分子可能会采取更暴力的攻击行为来控制现场。一旦他拿出刀具等致命武器，这种攻击极有可能致死。如果犯罪分子是吸毒者或刚吸食完毒品后作案，由于头脑意识混乱而可能导致情绪失控，进而做出更暴力的攻击行为。在此时，也不要用钥匙扣警报器等物品，这些报警器可以在不法分子尾随或距离劫匪较远时使用，在面对面对峙时使用会增加受伤害的风险，也不要试图用手机去拍摄。尽量不要激怒歹徒，让局面在他的控制之下，有助于避免受到人身伤害。

　　面对歹徒时，抬起两臂交叉贴在胸前，双手展开放在下颚两侧脖子处，如果犯罪分子采取人身伤害可以保护胸口、颈动脉等要害部位。也能表现出害怕，让犯罪分子放松警惕。有没有可能感化劫匪的可能，使其放弃抢劫意念？这需要判断劫匪的人性，根据前述实施抢劫的主要案发群体，可以得出大部分抢劫犯是社会上的人渣混混，如果在抢劫过程中试图感化他们其实是在增加自己受伤害的风险，会让他们有种浪费时间、被侮辱的心理，因此不建议去试图感化他们放弃抢劫行为，这些人可能已经抢劫成性。但是有一部分案发群体除外，如被一些因突发的情绪或极度贫困饥饿驱使的冲动性抢劫，这种情况是有可能感化对方的，但这需要专业的心理素质和良好的沟通能力，不建议普通人轻易尝试。

在确定无法逃脱、无法感化对方后，可考虑将随身财物交给劫持者，交给歹徒过程中要一边递出一边后退，尽量拉开相互间距离，即便犯罪分子动手攻击，距离越远造成的伤害可能就越低，一旦寻找到机会抓紧时间逃跑。因为有案例显示，被害人将随身贵重物品扔到远处，试图吸引犯罪分子去捡，但是歹徒却是先对被害人进行伤害，再去捡起物品。因此不要轻易尝试把财物扔到远处，这反而会激怒歹徒，如果犯罪分子不去拾捡财物，或是恼羞成怒堵住你的逃跑方向，这样遭受攻击的可能性就会增大。如果要扔向歹徒，应抛向其面部和胸部，趁其面部突然被抛物撞击躲闪或慌乱中接物之时，乘机逃跑。

劫犯在达到目的后，并不意味着犯罪行为结束。如果劫犯要对被害人进行人身伤害，应寻找机会主动出手，迅速拿出"防狼喷雾"、辣椒水等喷向歹徒眼睛，快速攻击其眼睛、裆部，顺势将其推开，立刻向有光亮或人多的地方奔跑，并且一边跑一边大声呼喊，此时大声呼喊可能会使歹徒慌张，但一开始就呼喊可能会让歹徒为控制局面而使用暴力。得手后的歹徒为了自身安全可能会放弃继续犯罪，迅速逃离现场。

女大学生要防止歹徒劫得财物之后起"色心"。相关数据表明，强暴、强奸类犯罪的犯罪分子高发年龄是 32 岁以下，和抢劫犯人群有很大的重合度。尤其是面对面容姣好、穿着时尚的女性被害人，劫财得逞后被劫色的可能性很高。很多女性在被性骚扰、被性侵后害怕作案者拍照威胁或担心名誉受损而选择忍气吞声、不报警，这也助长了歹徒劫得财物后进行性侵犯的风气。面对这种情况，最保险的做法是抠嗓子制造呕吐物，制造让人恶心的现场，这样能最快消除犯罪分子的性兴奋。而歹徒在劫得财物后精神比较放松，看到如此情景一般也不会再实施性侵犯，不会对被害人产生过多的关注和伤害，这时可能会快速逃离现场。

在抢劫过程中，要多注意观察。尽快恢复冷静，应牢记案件发生的地点，多观察歹徒的面部轮廓、作案工具，如果因处于黑暗中或歹徒戴面罩无法观察，要留意歹徒身高、体重、服装标志、颜色、鞋子、口音等体貌特征，待抢劫过程结束或犯罪分子离开后迅速报警。向警察提供上述信息和歹徒的逃跑方向、交通工具等信息。最后要树立正确的财物观念，生命只有一次，但是钱财可以重新获得，遇到抢劫犯罪时，首先要保证人身安全。不要干违法犯罪的事，外出旅游严禁到不正规的发廊、按摩店消费，不要和街边性工作者进行过多交流，不要出入地下赌博场所，更不能购买毒品，如果沾染上"黄赌毒"，很容易被犯罪分子盯上。在外旅游期间尽量不要一个人夜晚出行，不要随意去不熟悉的地方，也不要随意同不认识的人聊天。

2. 入室抢劫情况应对

在宾馆住宿、民宿旅游和野外宿营时，有可能会遭遇入室抢劫。与拦路抢劫相同，首先应注意安全和防范，树立生命至上理念。面对劫犯要冷静镇定，先佯装配合，不要激怒犯罪分子。在封闭空间没办法逃跑的，不要试图跳楼、跳窗，这样只能增加自己受伤的风险。如果犯罪分子持有凶器，应设法先让其平静下来，告知犯罪分子自己不会报警，入室抢劫罪犯一般在作案时非常紧张，要试图通过交谈安抚歹徒情绪，最好让其放下凶器。在此过程中要观察歹徒身高、体重、衣着、口音。如果同住的人多，可以尝试反击，先观察屋内情形，假装顺从，再迅速拿出随身携带的防身工具、雨伞、热水壶、烟灰缸或野外的沙石、瓦片、砖块，攻击歹徒的眼睛、裆部部位，一定要出其不意、用力一击，马上逃脱。如果反抗的条件不允许，决定顺从，要不卑不亢，避免犯罪分子劫得财物后进行性侵。遇到情绪可能失控的歹徒，不要激怒，以顺从为主，必要时可指出财物的放置位置，在歹徒寻找之际伺机逃走并迅速报警。

为了避免犯罪分子有机会潜入室内进行犯罪活动，在外出旅游住宿时应注意住宿安全。从室外回到宾馆、民宿时应注意防范尾随跟踪。进屋后迅速关门，晚上要反锁屋门并做好防范措施，不要随便开门。如果有人敲门，先通过门镜或门缝观察门外情况。如果询问敲门者身份时没有应答，不要开门，可通过座机拨打前台电话通知服务人员或安保人员前来解决。如果对方声称是维修、检查等人员，要核实身份，如果自己没有通知前台维修事宜，应提高警惕。在外时不要把新认识的驴友、朋友带进宾馆房间，住宿时要保管好随身财物，如果房卡丢失立即联系前台调换房间。

遇到可疑人员在住宿房间外徘徊时，要密切关注其行为动向。如果该可疑人员时不时地瞟向房间，应拨打前台电话寻求帮助。外出游玩后回到宾馆后发现房屋被盗，自己的行李被翻得乱七八糟，要保护好现场，拨打前台电话和110，迅速向楼层服务员说明情况。如果遭遇宾馆房屋停电，不要急于开门查看，首先确定房卡是否插入取电卡槽，确定房卡没问题再联系前台解决。

外出旅游时带上一瓶"防狼喷雾"或防身工具，如果有闲置多余的手机也带上一部（即使没有通话卡），这样即使平时使用的手机被犯罪分子劫走，也能用多带的手机迅速拨打紧急号码报警。

（五）性侵犯

范向丽在《我国女性旅游安全研究》中将强奸、性骚扰、肢体挑逗、污言秽语等人际伤害性行为都归为性侵犯范畴，并将广义的性侵犯总结为暴力型性侵犯、社交型性侵犯、引诱型性侵犯和滋扰型性侵犯四类。暴力型性侵犯是指犯罪分子为达目的而采取殴打、威胁等暴力手段逼迫女性与其发生性关系的犯罪行为；社交型性侵犯是指女性游客因警惕性差在旅途中被新结交朋友实施性侵犯的犯罪行为；引诱型性侵犯是指犯罪分子使用各种手段引诱女性游客与其发生性接触的犯罪形式；滋扰型性侵犯是指罪犯用语言、眼神、动作对女性游客进行性骚扰的行为。

性侵犯主要发生在旅途的住宿、交通和娱乐过程中，以人身攻击和财产攻击为主，而且多发生在夜晚尤其是深夜。这与旅游者经验欠缺、安全意识差、自控能力不佳有直接关系，也与当地社会治安、旅游目的地周边环境、法治宣传教育有联系，性侵犯对于旅游者的伤害是极其严重的，很多案例结果都是强奸、奸杀、凶杀。因此，女大学生有必要了解如何预防性侵犯的发生。

女大学生在外旅游时，应时时提高警惕，尽量避免一个人出游，尤其是在晚上逛夜市、酒吧等场所，一定要和游伴一同前往。在外游玩时，不要走行人稀少的小路，要选择人流量大、灯光明亮的大路，走路时要不时地来回张望，观察是否有人尾随，如果发现可疑人员尾随，尽快登上公交车或拦住出租车，如果乘坐的是出租车，可请求司机稍等片刻目送你到达目的地后再开走，任何时候都不要乘坐私人汽车；外出时不要佩戴贵重首饰，不要穿过于暴露的衣服，尽量不要穿高跟鞋；手提包要靠近身体，包里不要放太多现金，手机和包要分开拿，避免提包被抢夺；如果在路边遇到汽车停在你边上且进行胁迫，立即向车头相反的方向奔跑；如果非常喜欢夜游、夜跑，要随身携带防身物品，如喷雾、高压电击设备等。

如果不幸被歹徒抓住，应观察情况随机应变。歹徒比较瘦弱、有对抗可能的话，应对歹徒面部、裆部进行攻击；如果犯罪分子身体强壮，要尽量拖延时间，延缓施暴者的犯罪进程，可以谎称家人在附近等、自己身体有病、去洗手间等，如果歹徒对自己采取强制措施，可以告诉对方换个地方、去找宾馆等，再尽量寻求出租车、宾馆前台人员等救援。在这过程中，要注意观察犯罪分子的特征，逃脱后及时报警处理。

如果在公共场所遇到性骚扰，应严厉警告对方，尤其是在海滨、娱乐场所，不要理睬前来搭讪的陌生男性，要表现出很嫌弃的态度，调换位置或马上离开；如果对方不知收敛，应直接言语警告，将拒绝态度明确且坚定地表现出来，警告对方言行让自己感到非常厌烦；如果未奏效，可报警处理。在交通工具上遇到性骚扰，要严厉斥责，不要回避、退缩，这样只能让对方得寸进尺，在大声斥责对方并要求停止骚扰行为后，要告知同行游伴或周边人群，引起公众注意后骚扰者一般会知难而退；情节恶劣的行径可报警处理。

在外旅游时，女大学生应自尊、自重、自爱，避免穿着过分薄、露、透的衣装，与异性交往要把握分寸，不要喝别人递过来的饮品。不要频繁出入娱乐场所，尤其是KTV、夜店、洗浴桑拿馆、网吧等人员复杂的场所，远离"黄赌毒"等违法犯罪活动。在参加旅游项目时，也应该增强防卫意识，尤其是参加水上项目，如水上摩托艇、潜水、划水、皮划艇等项目，参与者一般身着泳衣、比基尼，在面对男性教练时可能会被摸身、熊抱、拉开衣服，甚至被带至偏远地带实施性侵犯，在参与此类项目时，应尽量找女性教练，被男性教练性骚扰后要严厉斥责，并及时向景区管理部门反映或拨打报警电话处理。在提高自身防护意识的同时，也要警惕熟人性侵犯行为，对同行的男性游伴、熟悉的工作人员要保持社交距离。

（六）暴乱

我国的社会治安是和谐稳定的，出现暴乱的概率非常小，但也有香港在外部势力插手干预下出现旷日持久的严重暴力冲击社会治安、危及民众安全、危害国家主权安全的"修例风波"。在国外，发生社会暴乱的概率还是比较大的，在欧美国家经常出现集会游行、社会暴动（如美国出现的波特兰持续社会暴动），在拉美国家也经常出现游行示威、社会骚乱（如2019年智利圣地亚哥出现的游行示威），非洲国家甚至会出现军队暴动夺权事件（如2020年8月马里军队政变）。因此在出境游时，应提前了解当地社会治安是否稳定，注意当地阶级矛盾是否有激化可能，是否有国家对此地发布了旅游警告，应提前做好防护措施或取消行程。

在西方国家，市民可能会因为某一个小事件组织上街游行，如果游行逐渐演变为抗议，再加上一些低收入、反社会秩序的人群混进游行队伍进行煽风点火，事态就会慢慢升级，暴躁情绪会快速扩散，直到演变为蓄意纵火、打砸商铺、破坏公众财产等社会骚乱。

当旅行地发生骚乱、暴乱时，一定要远离游行人群，最好是待在酒店、宾馆不要出门。如果社会骚乱持续时间长、范围广、破坏程度深，应尽快购买返程机票回国，必要时联系中国驻该国大使馆或总领事馆寻求安全救援。

（七）绑架

在外旅游时，还有可能遭遇绑架。社会上有一小部分人对于社会充满怨恨，对穷困潦倒的生活也十分不满，就会把怨气撒到富人头上，认为是富人剥夺了他的发展机会和财富。旅游者一般穿着比较时尚，花钱也比较阔绰，再加上对当地情况不了解，很有可能被这些人盯上成为被绑架对象。

大学生在外旅游时如果遭遇绑架，首先应保持头脑冷静，尽量配合绑匪，向他们表明你不会逃跑，也不会报警，你的家人会同意他的要挟条件。在劫匪情绪稳定后，找机会查看目前所在位置、房间类型、劫匪长相及口音等，记住周围声音和有规律性、有特色的事物。如果你的手机没有被收走，及时调成静音，发个短信给家人或将绑架地点和事情进行描述后发送至 12110 + 当地区号，如在北京发送 12110010，发送完后保持手机畅通，警方会根据你的手机定位作后续处理。如果绑匪没有将你手脚绑住，先观察周围环境，判断是否可以通过窗户、树木逃走。如果不具备上述条件，就安静等待救援，不要试图激怒绑匪，以免生命受到伤害。

要学会预防被绑架，首先外出游玩时不要向他人炫耀财富，佩戴的首饰、携带的相机不要过于显眼，不要携带过多现金；游玩时尽量结伴而行，在人行道走时，不要走靠近机动车道的一侧，避免被人裹挟上车；不要单独走僻静的小巷，晚上不要到偏远地区游玩，随时注意身后是否有人跟踪，如发现可疑人员，尽快到人多的地方。不要随便上别人的车辆，自驾游时也不要随便让别人乘坐你的车，尤其是一个人开车的时候；乘坐出租车时要记下车牌和司机姓名发给亲近的人。

第八章　常用自救知识

在外出旅游时，经常会遇到磕磕碰碰导致扭伤、摔伤，在野外旅游时还有可能被毒虫、毒蛇叮咬，因此应掌握一些基本的自救知识，在紧急情况下可展开自救、互救。

一、止血

被尖锐物品划伤出血后需要及时止血。快速止血的目的是降低身体血流速度，防止身体出现大量血液流失而导致昏迷甚至死亡。首先要先保持心理平静，找一个安全或僻静的地方，先检查出血伤势，要判断清楚是哪里出血，确定是动脉、静脉出血还是毛细血管出血。如果是手掌、脸部、胸腹部被划伤出血，可直接用手指压在出血伤口或出血的供血动脉上进行止血；如果被金属划伤，用随身携带的纯净水和矿泉水将铁锈等杂质冲洗干净，压住供血动脉，及时到附近医院打破伤风针；如果四肢受伤出血，尽快使用腰带、领带、衣服袖子、证件带、丝巾等绑在胳膊大臂上1/3处或大腿根部、伤口上部进行绑扎止血。

二、骨折固定

在摔倒、摔伤后发现四肢或关节疼痛难忍，甚至发现骨头变形时，应首先判断是否出现骨折问题，要对骨折、关节受伤的地方进行固定，避免骨折处对人体肌肉和神经、韧带造成新的伤害，并减轻疼痛、方便搬运抢救。避免对骨折伤员进行剧烈搬运，开放性伤口应先包扎伤口再进行固定，对于未刺出皮肤的骨折端不要掰回；如果骨折肢体条件允许，应垫高或抬高受伤部分，减慢流血速度和减少肿胀。

如果怀疑脊柱受伤或尾椎损伤，最好先不要移动，拨打急救电话等待专业救援；骨折固定时应找平整的木板或粗树枝，将骨折端上下两个关节一起固定，如小腿骨折时应将脚踝、膝盖两个关节进行固定。

三、烫伤、烧伤急救

如果被开水烫伤、被火源烧伤，要轻轻取下戒指、手表、皮带、衣服，用干净、无黏性的布盖住伤口。程度较浅时应该用大量洁净的水或流动的清水清洗伤口，如果伤口被烧黑、变白、变软，或呈炭化皮革状，压迫皮肤后不变色，烧伤区毛发极容易拔出，此时不要用水清洗，尽量保护烧伤区域，防止被外源污染。烧伤后最好立即用冷水或冰水浸泡一个小时，创面要清除大疱液体，随后用凡士林或纱布覆盖创面，再用厚吸水棉包裹，绷带包扎；创面可涂敷一些烧伤湿润膏等，创面避免受压；创面不要直接用冰敷，也不要刺破水泡、扯下表皮，否则会留下大片伤疤。

四、休克与呼吸不畅

休克是一种急性的缺氧综合征。休克发生后，全身的血流量会逐渐减少，体内微循环会出现障碍，导致体内生命器官持续缺血缺氧。出现休克后，应将患者放平躺下，下肢如果没有骨折的话可以稍微抬高，以利于静脉血回流，如果患者有呼吸困难，可以将头部抬高一些；保持患者呼吸正常和体温正常，避免体温过快流失，可将身边衣服、毛毯盖在身体上；颈部稍微抬高，下颌稍微抬起，保持头部后仰姿势，头偏向一侧，防止口腔内杂物阻塞呼吸道。如果是创伤骨折导致的休克应要先将骨折部位固定，对没有呼吸的患者应实施人工呼吸恢复呼吸，拨打急救电话求助专业医疗帮助。

如果出现胸闷、气短等呼吸受阻、呼吸障碍等症状，应考虑心源性、肺源性和神经功能性胸闷气短，尽量采取坐位，维护胸腔压力与外界大气压的压力差，采取深呼吸调节呼吸节奏，尽快去附近医院采取心电监护吸氧措施，检查心电图、心肌酶谱、血常规、凝血常规、胸片等。

五、心肺复苏

如果伤员神志不清、呼吸不畅，应尽快采取人工呼吸和心肺复苏救援，具体做法参照本书第七章溺水后急救方法。

六、腹部受伤

如果腹部被尖锐物体划伤，首先要进行止血。如果是闭合性伤口，要及时压住伤口止血，及时用纱布进行缠绕；如果是开放性伤口，导致器官外露，应用携带的矿泉水将衣服打湿，包住外露器官，避免被细菌感染或失水坏死。不能把被污染的脏器塞回到腹腔，这样会造成身体内部器官感染，产生粘连导致腹膜炎，会有生命危险。腹部受伤后不要移动，尽量采取卧或平躺姿势，尽快拨打急救电话等待救援。

七、毒虫、毒蛇叮咬

被毒虫、蝎子、毒蛇叮咬或蜇伤后，应采取急救措施，防止毒液吸收扩散。毒液可能会在几分钟内在体内迅速扩散，可采用绑扎法、冰敷法、肢体制动等方法进行处理。绑扎法是最简单的方法，被毒虫毒蛇等咬伤后，立即用绷带、领带、毛巾、长布条等物品，在被咬肢体近侧5～10厘米处进行绑扎，减少静脉血流，延缓毒液吸收；在就诊途中应每20分钟左右松绑1～2分钟，以防患肢组织坏死，在清创伤口后服用蛇药片，3～4小时后松绑。如果在附近饭店能找到冰块，可以使用冰敷法，在绑扎的同时把冰敷在受伤肢体上，可延缓毒液吸收扩散；也可以将患肢浸泡在冷水中，再尽快寻求专业医疗帮助。如果没有上述条件，不要进行剧烈运动，以减少毒素吸收，用手箍住患肢，将患肢放置在低处，尽快拨打救援电话。

八、崴脚

如果在游玩过程中出现脚扭伤，应立即停止活动，并冷敷脚踝，如果找不到冰块，可购买冰糕或使用凉水持续冲洗 20 分钟。服用跌打损伤的药物，患处涂抹活血化瘀、消肿止痛的药物（如云南白药喷雾、红花油），尽快到达休息场所，使用弹力绷带或护踝，将踝关节固定，抬高患肢卧床休息，尽快消炎、消肿。如果在 2～3 天内没有消肿或疼痛持续加重，应及时去医院骨科就诊，拍摄脚踝部位的 X 光片，确定是否有骨折、韧带损伤或脱臼等发生，如果情况严重应尽快治疗。

九、中暑

旅游旺季和天气炎热时期正好重合，在去我国"火炉"城市或沙漠地区进行户外活动的，应注意防止中暑。肥胖者、熬夜者、剧烈运动者、沙漠旅游者、腹泻者、不爱出汗者更容易中暑。如果出现体温高于 38 摄氏度、昏迷、不出汗、皮肤干燥、口渴、体弱无力、面色苍白等症状，应考虑中暑。中暑后要保持镇静，要立即离开高温、高热环境，转移到阴凉、通风透气的环境下；及时补充水分，如果有条件可在水里面加用口服补液盐或食用盐，可补充钠离子、钾离子，缓解体内的电解质失衡情况。服用祛暑除湿解表药物，如藿香正气水、十滴水等，可缓解头晕、恶心、呕吐症状。如果出现发热症状，要进行物理降温退热，如温水、酒精擦拭或服用布洛芬、对乙酰氨基酚，也可缓解因中暑出现的头痛。如果中暑症状持续加重，出现昏迷、抽搐、高热不退，应立即到附近医院就诊。

第九章　旅游保险与旅游纠纷处理

一、旅游保险、旅游意外险

外出旅游时，难免会出现意外情况，导致旅程受阻、个人财产损失和旅游者人身安全受到伤害，因此在出游（尤其是长途出游、经常出游、出境游、野外探险游等）前旅游者应考虑投保旅游保险，为自己的安全出游保驾护航。一般情况下，旅游保险分两种：针对旅行社责任保障的旅行社责任险和针对旅游者个人的个人意外险。

1. 旅行社责任险

旅行社责任险是对因旅行社责任引起的游客人身伤亡、财产遭受的损失及处理事故发生的相关费用的赔偿，在发生意外后，"旅行社责任险"主要保障的是旅行社对游客出游期间依法应承担的各种民事赔偿责任，旅行社的责任是由法院或相关仲裁机构裁决的。这种责任险的受益者是旅行社。意味着在意外发生后，旅行社只承担自己的责任，而不是对所有游客的损失负责。由于游客自身疏忽或其他方原因导致出险的由游客自行负责，旅行社只是提供帮助。

2. 个人意外险

在参加旅行社团队出行时，一般都会购买旅行社责任险，但是在旅游行程中，旅游者可能会出现由自身疾病引起的损失和损害、由于旅游者个人过失导致的人身伤亡和财产损失以及由此产生的各种费用等，这些损失均不在旅行社责任险的赔付范围之内。不可抗力因素，如地震、海啸、泥石流、暴雨等自然灾害带来的游客人身与财产损失，也不在旅行社责任范围之内。因此，大学生出游群体有必要了解个人投保的旅游保险。

在某旅游网站上，有专门的旅游保险选择项，旅游保险产品中，涉及平安财险、美亚保险、安盛天平、京东安联、华泰财险、众安财险、史带财险等保险公司。产品特色包含留学游学、商旅出行、自驾旅游、海岛旅游、申根签证、邮轮观光等。游客在购买这些旅游意外险后，就在旅行社责任险基础上增加了个人意外伤害保险，也就是说，只要符合保险合同约定的保险事故，不管是旅行社的责任或个人过失，还是由于其他不可抗拒因素引发的突发事件，被保险人都可以获得保障。在个人购买的旅游保险中，可以根据购买人的旅行计划和目的地选择购买不同等次和不同旅行次数及时间的保险种类，对旅行期间各项旅游活动、各种意外事件都有承保。

以安盛保险推出的"畅游亚洲旅行意外伤害保险"价值 110 元的尊贵计划为例，该保险产品是针对长期居住在国内、近一年在中国大陆境内（不含港澳台地区）工作或居住满 183 天的前往境外亚洲国家旅行人士提供的单次旅行计划保险产品。该保险产品可保障旅程阻碍、个人财物、个人意外伤害和医疗、紧急救援、个人责任等，旅程阻碍主要有旅程延误、行李延误和旅行变更，主要包括由于恶劣天气、航空公司超售、航空管制等导致飞机延误的保障，旅行期间被保险人的行李托运被延误保障，旅行期间因被保险人或直系亲属死亡、遭受伤害住院治疗或旅游目的地发生暴力事件、恶劣天气等原因变更了旅程导致的预付未使用且不可退换的费用保障；个人财物保障包含个人钱财损失、个人行李及随身物品、旅行证件丢失、信用卡盗刷等，主要是在旅行期间随身携带的财物、寄存于酒店的或放入酒店房间保险箱的财物被盗损失保障，出游期间随身财物被盗被窃或在酒店、餐馆意外丢失，出游期间护照、票据或其他证据被盗被抢，信用卡被盗刷、被抢夺导致信用卡账户损失；个人意外伤害和医疗保障包含突发急性病身故、意外身故和伤残、交通工具意外身故、残疾、医药补偿、住院津贴，主要指旅游者（被保险人）在出游期间突发疾病（或病故、残疾）、乘坐公共交通时发生意外导致的残疾、因意外事故支付的医疗费用、住院期间可获得的住院津贴等；紧急救援包含医疗运送和送返、身故遗体送返、慰问探访费用补偿、未成年人送返，主要是被保险人在出游期间因意外事故或疾病去世、连续治疗产生的额外交通和住宿费用等；个人责任是指被保险人在出游期间因意外事故导致他人人身伤害和财产损失而给第三方支付的赔偿。

在购买旅游保险时应主要查看保险公司的主要免除责任条款，比如旅游目的地发生战争、军事行动、暴动、叛乱，发生生物、化学、原子能武器爆炸，投保人故意自残或自杀行为，投保人挑衅或故意行为而导致的打斗、被袭击或被谋杀等都不在保障范围内。

在出游期间如果遭遇人身伤害和财产损失，需要保险公司出险理赔的，应按照保险公司要求准备合同、保险单、证件复印件和保险公司通知的其他证明和资料。

更多旅游保险案例分析请点击 https：//www. cpic. com. cn/c/2018 - 05 - 29/1476109. shtml 和 http：//blog. sina. com. cn/s/blog ＿ 9eb3f7ed0102vfri. html 查看。

二、旅游纠纷处理

旅游者和旅游经营者是旅游纠纷中的主体，由于双方在旅游过程中的地位悬殊，存在严重的信息不对称，因此，在旅游过程中会经常发生因旅游行为而引发的纠纷，常见旅游纠纷可以分为以下类型：

按争议是否有涉外因素可分为国内旅游纠纷和涉外旅游纠纷；按争议主体可分为旅游者与旅游经营者之间的纠纷、旅游者或旅游经营者与相关部门之间的纠纷、旅游经营者之间的纠纷、旅游经营者与境外旅游经营者或入境旅游者之间的纠纷；按争议内容可分为旅行社业务纠纷、导游业务纠纷、旅游交通运输业务纠纷、旅游住宿业务纠纷、旅游资源利用和保护纠纷、旅游保险纠纷以及旅游税收纠纷；按争议涉及的利益可分为涉及财产利益的纠纷、涉及人身权益的纠纷、涉及人身权益和财产权益的纠纷；按争议当事人人数可分为单一性纠纷、共同性纠纷。

在旅游者与旅游经营者或其他旅游主体之间发生纠纷后，可以通过协商、调解、仲裁、诉讼等途径解决。首先可通过双方协商解决，大学生群体因为社会经验和旅游经历少，应将纠纷情况汇报给家长或老师，在听取家长和老师的意见后向旅游经营者表明立场，但是在这个过程中，旅游经营者肯定会推诿、扯皮、极力掩盖经营过失并夸大自己的损失，不断降低协商可能性。如果协商不成，应到当地消费者协会、旅游投诉受理机构和有关调解组织进行调解，县级以上人民政府都会指定或者设立统一的旅游投诉受理机构受理旅游投诉，并进行纠纷处理或者移交其他有关部门处理，投诉受理机构会及时告知投诉者事件的进展情况；如果调解机构无法对事件进行满意调解即调解失败，可根据与旅游经营者达成的仲裁协议提请仲裁机构仲裁；如果仲裁也无法解决问题，旅游者也可以向法院提起诉讼。如果纠纷中旅游者一方人数众多并有共同请求，可推选代表人参加协商、调解、仲裁、诉讼等活动。旅游者可以根据自身所处环境、权益受侵害的程度、实际存有事实证据、对赔偿金额的期望值高低等因素结合旅行社对纠纷事件的处理态度和结果来选择维权途径。

参考文献

［1］黄俊．加强安全管理　发展漓江旅游［J］．中国河运，1994（4）：41－43.

［2］郑向敏．中国旅游保险发展探索［J］．中国保险管理干部学院学报，1995（3）：34－37.

［3］王凯林，黄坚．浅议如何加强江西水上旅游管理［J］．中国水运，2001（3）：24.

［4］张进福，郑向敏．旅游安全研究［J］．华侨大学学报（人文社会科学版），2001（1）：15－22.

［5］郝革宗．一次灾害性旅游安全事故剖析——以贵州省马岭河风景区"10·3事故"为例［J］．灾害学，2001（1）：51－55.

［6］张进福．旅游安全管理现状分析与对策思考［J］．旅游科学，2001（2）：44－46.

［7］吴必虎，王晓，李咪咪．中国大学生对旅游安全的感知评价研究［J］．桂林旅游高等专科学校学报，2001（3）：62－68.

［8］王凯林，黄坚．关于加强江西旅游水上安全管理的探讨［C］//中国航海学会内河海事专业委员会．中国航海学会内河海事专业委员会2001年度学术交流会优秀论文集专刊．中国航海学会内河海事专业委员会：中国航海学会，2001：36－37.

［9］郑向敏，卢昌崇．论我国旅游安全保障体系的构建［J］．东北财经大学学报，2003（6）：16－20.

［10］张西林．旅游安全事故成因机制初探［J］．经济地理，2003（4）：

542 - 546.

［11］侯国林．旅游危机：类型、影响机制与管理模型［J］．南开管理评论，2005（1）：78 - 82.

［12］郑向敏，范向丽，宋博．都市旅游安全研究［J］．桂林旅游高等专科学校学报，2007（2）：173 - 177.

［13］郑向敏．我国沿海岛屿旅游发展与安全管理［J］．人文地理，2007（4）：86 - 89.

［14］邹统钎，陈芸，胡晓晨．探险旅游安全管理研究进展［J］．旅游学刊，2009，24（1）：86 - 92.

［15］谢朝武．我国旅游安全预警体系的构建研究［J］．中国安全科学学报，2010，20（8）：170 - 176.

［16］李军鹏．加快完善旅游公共服务体系［J］．旅游学刊，2012，27（1）：4 - 6.

［17］郑向敏．旅游安全学［M］．北京：中国旅游出版社，2003.

［18］楼文高，王广雷，冯国珍．旅游安全预警 TOPSIS 评价研究及其应用［J］．旅游学刊，2013，28（4）：66 - 74.

［19］罗景峰．旅游安全预警的集对分析——可变模糊方法［J］．中国安全科学学报，2015，25（4）：151 - 156.

［20］叶欣梁，温家洪，邓贵平．基于多情景的景区自然灾害风险评价方法研究——以九寨沟树正寨为例［J］．旅游学刊，2014，29（7）：47 - 57.

［21］陆燕春．旅游安全风险管理与对策研究［J］．广西民族大学学报（哲学社会科学版），2008（4）：135 - 138.

［22］孔令学．浅谈《旅游法》对旅游者安全的全方位保护机制［J］．旅游学刊，2013，28（8）：29 - 30.

［23］郑向敏，邹永广．中泰旅游突发事件应急处置与合作机制研究［J］．华侨大学学报（哲学社会科学版），2013（2）：36 - 45.

［24］黄英．出境旅游安全风险及防控对策［J］．价值工程，2017（35）：38 - 40.

附　录

附录1　常见道路警示标志和指示标志

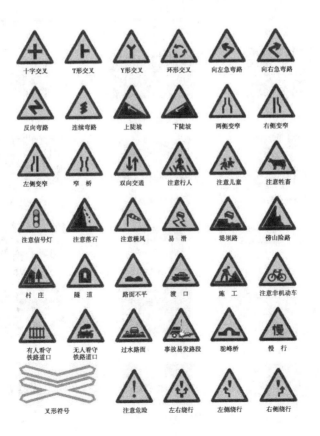

十字交叉　　T形交叉　　Y形交叉　　环形交叉　　向左急弯路　　向右急弯路

反向弯路　　连续弯路　　上陡坡　　下陡坡　　两侧变窄　　右侧变窄

左侧变窄　　窄桥　　双向交通　　注意行人　　注意儿童　　注意牲畜

注意信号灯　　注意落石　　注意横风　　易滑　　堤坝路　　傍山险路

村庄　　隧道　　路面不平　　渡口　　施工　　注意非机动车

有人看守铁路道口　　无人看守铁路道口　　过水路面　　事故易发路段　　驼峰桥　　慢行

叉形符号　　注意危险　　左右绕行　　左侧绕行　　右侧绕行

地名

著名地点

行政区划分界

道路管理分界

国道编号

省道编号

县道编号

行驶方向

行驶方向

行驶方向

行驶方向

行驶方向

行驶方向

行驶方向

行驶方向

互通式立交

交叉路口预告

十字交叉路口

十字交叉路口

十字交叉路口

十字交叉路口

丁字交叉路口

丁字交叉路口

环形交叉路口

环形交叉路口

交叉路口预告

互通式立交

互通式立交

互通式立交

分岔处

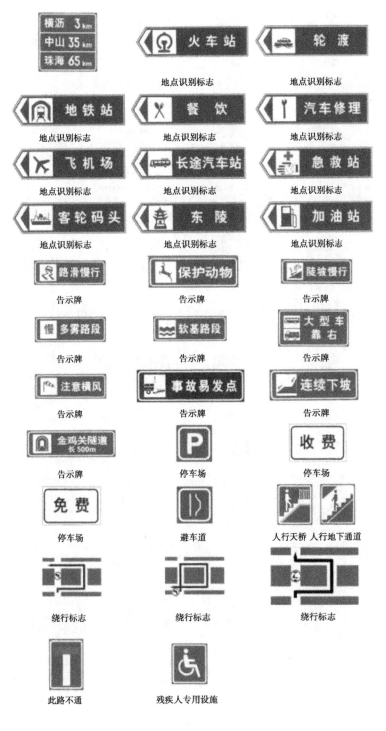

横沥 3 km
中山 35 km
珠海 65 km

火车站
地点识别标志

轮 渡
地点识别标志

地铁站
地点识别标志

餐 饮
地点识别标志

汽车修理
地点识别标志

飞 机 场
地点识别标志

长途汽车站
地点识别标志

急救站
地点识别标志

客轮码头
地点识别标志

东 陵
地点识别标志

加油站
地点识别标志

路滑慢行
告示牌

保护动物
告示牌

陡坡慢行
告示牌

多雾路段
告示牌

软基路段
告示牌

大型车靠右
告示牌

注意横风
告示牌

事故易发点
告示牌

连续下坡
告示牌

金鸡关隧道 长500m
告示牌

P
停车场

收费
停车场

免费
停车场

避车道

人行天桥 人行地下通道

绕行标志

绕行标志

绕行标志

此路不通

残疾人专用设施

直行

表示只准一切车辆直行。此标志设在直行的路口以前适当位置。

向左转弯

表示只准一切车辆向左转弯。此标志设在车辆必须向左转弯的路口以前适当位置。

向右转弯

表示只准一切车辆向右转弯。此标志设在车辆必须向右转弯的路口以前适当位置。

直行和向左转弯

表示只准一切车辆直行和向左转弯。此标志设在车辆必须直行和向左转弯的路口以前适当位置。

直行和向右转弯

表示只准一切车辆直行和向右转弯。此标志设在车辆必须直行和向右转弯的路口以前适当位置。

向左和向右转弯

表示只准一切车辆向左和向右转弯。此标志设在车辆必须向左和向右转弯的路口以前适当位置。

靠右侧道路行驶

表示只准一切车辆靠右侧道路行驶。此标志设在车辆必须靠右侧行驶的路口以前适当位置。

靠左侧道路行驶

表示只准一切车辆靠左侧道路行驶。此标志设在车辆必须靠左侧行驶的路口以前适当位置。

立交直行和左转弯行驶

表示车辆在立交处可以直行和按图示路线左转弯行驶。此标志设在立交左转弯出口处适当位置。

立交直行和右转弯行驶

表示车辆在立交处可以直行和按图示路线右转弯行驶。此标志设在立交右转弯出口处适当位置。

环岛行驶

表示只准车辆靠环岛行驶。此标志设在环岛面向路口来车方向适当位置。

步行

表示该街道只供步行。此标志设在步行街的两端。

鸣喇叭

表示机动车行至该标志处必须鸣喇叭。此标志设在公路的急转弯处、陡坡等视线不良路段的起点。

最低限速

表示机动车驶入前方道路之最低时速限制。此标志设在高速公路或其他道路限速路段的起点。

单行路（向左或向右）

表示一切车辆向左或向右单向行驶。此标志设在单行路的路口和入口处的适当位置。

单行路（直行）

表示一切车辆单向行驶。此标志设在单行路的路口和入口处的适当位置。

干路先行

表示干路先行，此标志设在车道以前适当位置。

会车先行

表示会车先行，此标志设在车道以前适当位置。

人行横道

表示该处为专供行人横穿马路的通道。此标志设在人行横道的两侧。

右转车道

表示车道的行驶方向。此标志设在导向车道以前适当位置。

直行车道

表示车道的行驶方向。此标志设在导向车道以前适当位置。

直行和右转合用车道

表示车道的行驶方向。此标志设在导向车道以前适当位置。

分向行驶车道

表示车道的行驶方向。此标志设在导向车道以前适当位置。

公交线路专用车道

表示该车道专供本线路行驶的公交车辆行驶。此标志设在进入该车道的起点及各交叉口入口处以前适当位置。

机动车行驶

表示车道机动车行驶。此标志设在道路或车道的起点及交叉路口入口处前适当位置。

机动车车道

表示该车道只供机动车行驶。设在该车道的起点及交叉路口和入口前适当位置。在标志无法正对车道时，可以不标注箭头。

非机动车行驶

表示非机动车行驶。此标志设在道路或车道的起点及交叉路口入口处前适当位置。

非机动车车道

表示该车道只供非机动车行驶。设在该车道的起点及交叉路口和入口前适当位置。在标志无法正对车道时，可以不标注箭头。

允许掉头

表示允许掉头。此标志设在允许机动车掉头路段的起点和路口以前适当位置。

附录2　野外常见有毒植物

名称	狼毒草 *Gelsemium elegans（Gardn. & Champ.）Benth.*	毒芹 *Cicuta virosa L.*	苍耳 *Xanthium sibiricum Patrin ex Widder*
性状	常绿木质藤本，叶片卵形、卵状长圆形或卵状披针形，长5~12厘米，顶端渐尖，花密集，花冠黄色，漏斗状，内面有淡红色斑点	根状茎有节，叶片轮廓呈三角形或三角状披针形，边缘疏生钝或锐锯齿，花瓣白色，花柱短，分生果近卵圆形，胚乳腹面微凹	根纺锤状，茎下部圆柱形，上部有纵沟，叶片三角状卵形或心形，被糙伏毛
产地	江西、福建、台湾、湖南、广东、海南、广西、贵州、云南等省区。海拔500~2000米山地路旁灌木丛中或潮湿肥沃的丘陵山坡疏林下	黑龙江、吉林、辽宁、内蒙古、河北、陕西、甘肃、四川、新疆等省区。海拔400~2900米的杂木林下、湿地或水沟边	全国广泛分布，常生长于平原、丘陵、低山、荒野路边、田边
毒性	误食后呼吸麻痹、呼吸困难，甚至呼吸停止	误食后恶心、扩瞳、昏迷、痉挛，因窒息而亡	误食后头痛、恶心、呼吸困难、烦躁不安
名称	一品红 *Euphorbia pulcherrima Willd. et Kl.*	曼陀罗 *Datura stramonium Linn.*	水仙 *Narcissus tazettaL. var. chinensis Roem.*
性状	茎直立，叶互生，绿色，叶背被柔毛；苞叶狭椭圆形，通常全缘，朱红色	茎粗壮，淡绿色或紫色，花萼筒状，蒴果直立生，成熟后淡黄色，4瓣裂	伞状花序，花瓣6片，末处鹅黄色，鳞茎卵状至广卵状球形，外被棕褐色皮膜，叶狭长带状
产地	大部分省区市均有栽培，常见于公园、植物园，供观赏	各地均有，常见于荒地、旱地、宅旁、向阳山坡	江苏、浙江、福建等地
毒性	枝叶引起皮肤红肿，误食后有呕吐、腹泻症状	剧毒，花香有致幻的效果，食后出现口干、吞咽困难、瞳孔扩大、幻觉、昏迷、呼吸麻痹等	误食后出现呕吐、腹痛、出冷汗、呼吸不规律，严重者出现痉挛

续表

名称	大戟 *Euphorbia pekinensis Rupr.*	夹竹桃 *Nerium indicum Mill.*	黄杜鹃 *Rhododendron molle（Blume）G. Don.*
性状	根圆锥状，茎直立，叶互生，矩圆状披针形至披针形，蒴果三棱状球形	枝条灰绿色，微毛，叶面深绿，中脉在叶面陷入，叶柄扁平，花冠深红色或粉红色，漏斗状	叶片椭圆至椭圆状披针形，花冠大，黄色或金黄色，花冠漏斗状
产地	东北、华东及华中地区，长于山坡、路边、荒坡或草丛中	各省区有栽培，尤以中国南方为多，常在公园、路旁、河边	黄河以南广泛分布，常见于山坡、石缝、灌丛中
毒性	茎和种子有毒，误食后可能引发死亡	叶、根、花、种子均毒性强，误食后恶心、呕吐、昏睡	误食后恶心、呕吐、腹泻、心跳缓慢、血压下降、呼吸困难
名称	照山白 *Rhododendron micranthum Turcz.*	相思子 *Abrus precatorius L.*	羊角拗 *Strophanthus divaricatus（Lour.）Hook. et Arn.*
性状	小枝褐色，叶互生，椭圆状披针形或狭卵圆形，花密生成总状花序，花冠钟形白色	茎细分枝，花序轴粗短，花小，密集成头状，花萼钟状，花冠紫色，荚果长圆形	叶长矩圆形，全缘，聚伞花序顶生，花冠漏斗状，裂片延伸成长线状，黄色
产地	东北、华北、华中及西北地区，生于山坡、山沟石缝	热带地区分布，台湾、广东、广西、云南等山地中	贵州、云南、广西、广东和福建等省区，生于丘陵山地、路旁疏林或灌木丛中
毒性	叶有毒，误食后打喷嚏、项痛、冷汗、无力、血压下降、休克	误食后食欲不振、恶心、呕吐、腹泻、呼吸困难，甚至窒息死亡	误食后心跳紊乱、呕吐、腹泻、出现幻觉、神志迷乱
名称	海杧果 *Cerbera manghas Linn.*	曲菜娘子 *Sonchus arvensis L.*	天南星 *Arisaema heterophyllum Blume*
性状	叶互生，卵状倒长圆形，花白色，高脚碟状，中淡红色，散发着茉莉香味	叶狭长、厚硬，边有锯齿，叶贴地，籽小，有白毛	顶部扁平，周围生根，叶柄圆柱形，叶片鸟足状分裂，花序柄长30~55厘米，浆果黄红色、红色
产地	海边或近海边湿润的地方	分布于华北、华中、华东、华南地区	除西北、西藏外，大部分省区分布，生于林下、灌丛或草地
毒性	茎、叶、果均含有剧毒的白色乳汁，食后恶心、呕吐、腹痛、血压下降、呼吸困难	误食后出现皮肤肿胀、头疼、恶心症状	误食后舌、喉发痒，灼热、肿大，严重可导致窒息

续表

名称	颠茄 *Atropa belladonna L.*	蓖麻 *Ricinus communis L.*	毛地黄 *Digitalis purpurea L.*
性状	根粗壮，茎下部单一，紫色，上部叉枝，嫩枝绿色，茎扁中空圆柱形，叶互生，叶片卵形	单叶互生，叶片盾状圆形，圆锥花序与叶对生及顶生，花柱，深红色。蒴果球形，有软刺	茎单生或成丛，叶片卵圆形，叶粗糙、皱缩，叶缘有圆锯齿，叶柄具狭翅，花冠蜡紫红色，内面有浅白斑点
产地	山东、浙江等地，生于疏林荫处及灌木丛	华北、东北、西北和华东等地均有分布	各地均有栽种
毒性	全株有毒，含多种生物碱致命毒素	误食后头痛、胃肠炎、体温上升、无尿、黄疸、冷汗、痉挛	误食后恶心呕吐、厌食、流涎、腹痛腹泻、出血性胃炎
名称	毛茛 *Ranunculus japonicus Thunb.*	火鹤花 *Anthurium scherzerianum Schott*	虞美人 *Papaver rhoeas L.*
性状	茎直立，叶片圆心形或五角形，叶柄生开展柔毛，裂片披针形，萼片椭圆形，花瓣倒卵状圆形，花托短小，聚合果近球形	茎矮短，叶丛生，浓绿色，革质平滑，花梗细长，佛焰苞红色，阔卵形，肉穗花序螺旋状扭曲，橙红色	茎直立，分枝，叶片轮廓披针形或狭卵形，羽状分裂，花单生于茎和分枝顶端，紫红，基部通常具深紫色斑点
产地	除西藏外，各省区广布，生于田沟旁、林缘路边湿草地	广泛分布，喜好温暖、半阴的环境	分布广泛
毒性	接触后有炎症、水泡，食用后引起剧烈胃肠炎	枝叶修剪后流出的汁液有毒	误食后引起中枢神经中毒
名称	铃兰 *Convallaria majalis Linn.*	乌头 *Aconitum carmichaeli Debx.*	莨菪 *Hyoscyamus niger L.*
性状	植株矮小，多分枝平展的根状茎，基部有数枚鞘状的膜质鳞片，叶椭圆形或卵状披针形，花钟状，圆球形暗红色浆果	侧根数个，生于主根四周。倒卵圆形至倒卵形，茎直立，叶互生，总状花序，花大，蓝紫色	全株被黏性腺毛，根粗壮，茎直立或斜上伸，单叶互生，叶片长卵形或卵状长圆形，花淡黄绿色，基部带紫色，蒴果包藏于宿存萼内，有特殊臭味
产地	东北、华北等地区	四川、陕西、云南、贵州、河北、湖南、湖北、江西、甘肃等地	内蒙古、河北、河南、青海东北和西北诸省区
毒性	误食后有恶心、呕吐、头晕、头痛、心悸等	误食后口舌发麻、头晕心悸、面色苍白、四肢厥冷、腹痛腹泻等	误食后面红烦躁、出现幻觉、昏睡、昏迷，甚至死亡

续表

名称	马樱丹 *Lantana camara L.*	侧金盏花 *Adonis amurensis Regel et Radde.*	牛眼马钱 *Strychnos angustiflora Benth.*
性状	直立或蔓性的灌木，茎枝四方形，单叶对生，叶片卵形至卵状长圆形，花冠黄、深红色	根状茎短粗，叶片在花后长大，茎下部叶有长柄，叶片正三角形，花瓣黄色，倒卵状长圆形	枝螺旋状曲钩，叶对生，圆形至卵状渐尖，花冠白色或淡黄色，浆果球形，红色或橙红色
产地	台湾、福建、广东、广西等热带地区	东北地区东部，见于山脚灌木丛间、林缘地上的湿润土壤	福建、广东、海南、广西、云南等地
毒性	误食后腹泻、便血、体温升高、呼吸加速	误食后心律失常、昏厥、虚脱	食用后面僵硬、肌肉痉挛、呼吸困难、散瞳、昏迷、呼吸停止
名称	雷公藤 *Tripterygium wilfordii Hook. f.*	梓树 *Catalpa ovata G. Don.*	风信子 *Hyacinthus orientalis L.*
性状	枝棕红色，被密毛，叶椭圆形，基部阔楔形，花白色，花瓣长方卵形，花柱柱状	乔木，树冠伞形，圆锥花序顶生，花萼圆球形，花冠钟状，浅黄色，蒴果线形，下垂，深褐色	鳞茎球形或扁球形，外被皮膜呈紫蓝色或白色，花茎肉质，花冠漏斗状，向外侧下方反卷
产地	长江流域以南及西南地区，生于阴湿的山坡、山谷灌木林中	长江流域及以北地区、东北南部、华北、西北、华中、西南	常见于公共场合摆放
毒性	误食后恶心呕吐、腹泻腹痛、血压下降、呼吸困难	误食后神经系统麻痹，呼吸困难	误食后引起头晕、胃痉挛、腹泻等
名称	藜芦 *Veratrum nigrum L.*	商陆 *Phytolacca acinosa Roxb*	茅膏草 *Drosera peltata J. E. Smith in Willd.*
性状	根茎短厚，茎具叶，叶阔抱茎，花绿白色或暗紫色，具短柄，排成顶生的大圆锥花序	茎直立，圆柱形，叶片薄纸质，椭圆形，总状花序顶生，圆柱状直立，浆果扁球形，成熟时黑色	球茎直立，黄绿色，叶互生半月形，黄绿色，叶柄盾状着生，花瓣白色，倒卵形
产地	东北、华北、陕西、内蒙古、甘肃、湖北、四川、贵州	长江以南的红壤丘陵地区，华北、华中地区	长江流域和珠江流域各省区以及台湾，西藏南部、东南部
毒性	误食后胃部灼烧疼痛，恶心呕吐、腹泻便血、呼吸困难	茎秆紫红色的有毒，食用后引起消化障碍	叶汁引起皮肤灼痛发炎，食用后有耳鸣、嗜睡症状

资料来源：百度百科。

附录3　中华人民共和国旅游法

中华人民共和国主席令

第三号

《中华人民共和国旅游法》已由中华人民共和国第十二届全国人民代表大会常务委员会第二次会议于 2013 年 4 月 25 日通过，现予公布，自 2013 年 10 月 1 日起施行。

中华人民共和国主席　习近平

2013 年 4 月 25 日

新华社北京 4 月 25 日电

中华人民共和国旅游法

（2013 年 4 月 25 日第十二届全国人民代表大会常务委员会第二次会议通过）

目录

第九章　法律责任

第十章　附则

第一章　总则

第一条　为保障旅游者和旅游经营者的合法权益，规范旅游市场秩序，保护和合理利用旅游资源，促进旅游业持续健康发展，制定本法。

第二条　在中华人民共和国境内的和在中华人民共和国境内组织到境外的游览、度假、休闲等形式的旅游活动以及为旅游活动提供相关服务的经营活动，适用本法。

第三条　国家发展旅游事业，完善旅游公共服务，依法保护旅游者在旅游活动中的权利。

第四条　旅游业发展应当遵循社会效益、经济效益和生态效益相统一的原则。国家鼓励各类市场主体在有效保护旅游资源的前提下，依法合理利用旅游资源。利用公共资源建设的游览场所应当体现公益性质。

第五条　国家倡导健康、文明、环保的旅游方式，支持和鼓励各类社会机构开展旅游公益宣传，对促进旅游业发展做出突出贡献的单位和个人给予奖励。

第六条　国家建立健全旅游服务标准和市场规则，禁止行业垄断和地区垄断。旅游经营者应当诚信经营，公平竞争，承担社会责任，为旅游者提供安全、健康、卫生、方便的旅游服务。

第七条　国务院建立健全旅游综合协调机制，对旅游业发展进行综合协调。

县级以上地方人民政府应当加强对旅游工作的组织和领导，明确相关部门或者机构，对本行政区域的旅游业发展和监督管理进行统筹协调。

第八条　依法成立的旅游行业组织，实行自律管理。

第二章　旅游者

第九条　旅游者有权自主选择旅游产品和服务，有权拒绝旅游经营者的强制交易行为。

旅游者有权知悉其购买的旅游产品和服务的真实情况。

旅游者有权要求旅游经营者按照约定提供产品和服务。

第十条 旅游者的人格尊严、民族风俗习惯和宗教信仰应当得到尊重。

第十一条 残疾人、老年人、未成年人等旅游者在旅游活动中依照法律、法规和有关规定享受便利和优惠。

第十二条 旅游者在人身、财产安全遇有危险时，有请求救助和保护的权利。

旅游者人身、财产受到侵害的，有依法获得赔偿的权利。

第十三条 旅游者在旅游活动中应当遵守社会公共秩序和社会公德，尊重当地的风俗习惯、文化传统和宗教信仰，爱护旅游资源，保护生态环境，遵守旅游文明行为规范。

第十四条 旅游者在旅游活动中或者在解决纠纷时，不得损害当地居民的合法权益，不得干扰他人的旅游活动，不得损害旅游经营者和旅游从业人员的合法权益。

第十五条 旅游者购买、接受旅游服务时，应当向旅游经营者如实告知与旅游活动相关的个人健康信息，遵守旅游活动中的安全警示规定。

旅游者对国家应对重大突发事件暂时限制旅游活动的措施以及有关部门、机构或者旅游经营者采取的安全防范和应急处置措施，应当予以配合。

旅游者违反安全警示规定，或者对国家应对重大突发事件暂时限制旅游活动的措施、安全防范和应急处置措施不予配合的，依法承担相应责任。

第十六条 出境旅游者不得在境外非法滞留，随团出境的旅游者不得擅自分团、脱团。

入境旅游者不得在境内非法滞留，随团入境的旅游者不得擅自分团、脱团。

第三章 旅游规划和促进

第十七条 国务院和县级以上地方人民政府应当将旅游业发展纳入国民经济和社会发展规划。

国务院和省、自治区、直辖市人民政府以及旅游资源丰富的设区的市和县级人民政府，应当按照国民经济和社会发展规划的要求，组织编制旅游发展规划。对跨行政区域且适宜进行整体利用的旅游资源进行利用时，应当由上级人民政府组织编制或者由相关地方人民政府协商编制统一的旅游发展规划。

第十八条　旅游发展规划应当包括旅游业发展的总体要求和发展目标，旅游资源保护和利用的要求和措施，以及旅游产品开发、旅游服务质量提升、旅游文化建设、旅游形象推广、旅游基础设施和公共服务设施建设的要求和促进措施等内容。

根据旅游发展规划，县级以上地方人民政府可以编制重点旅游资源开发利用的专项规划，对特定区域内的旅游项目、设施和服务功能配套提出专门要求。

第十九条　旅游发展规划应当与土地利用总体规划、城乡规划、环境保护规划以及其他自然资源和文物等人文资源的保护和利用规划相衔接。

第二十条　各级人民政府编制土地利用总体规划、城乡规划，应当充分考虑相关旅游项目、设施的空间布局和建设用地要求。规划和建设交通、通信、供水、供电、环保等基础设施和公共服务设施，应当兼顾旅游业发展的需要。

第二十一条　对自然资源和文物等人文资源进行旅游利用，必须严格遵守有关法律、法规的规定，符合资源、生态保护和文物安全的要求，尊重和维护当地传统文化和习俗，维护资源的区域整体性、文化代表性和地域特殊性，并考虑军事设施保护的需要。有关主管部门应当加强对资源保护和旅游利用状况的监督检查。

第二十二条　各级人民政府应当组织对本级政府编制的旅游发展规划的执行情况进行评估，并向社会公布。

第二十三条　国务院和县级以上地方人民政府应当制定并组织实施有利于旅游业持续健康发展的产业政策，推进旅游休闲体系建设，采取措施推动区域旅游合作，鼓励跨区域旅游线路和产品开发，促进旅游与工业、农业、商业、文化、卫生、体育、科教等领域的融合，扶持少数民族地区、革命老区、边远地区和贫困地区旅游业发展。

第二十四条　国务院和县级以上地方人民政府应当根据实际情况安排资金，加强旅游基础设施建设、旅游公共服务和旅游形象推广。

第二十五条　国家制定并实施旅游形象推广战略。国务院旅游主管部门统筹组织国家旅游形象的境外推广工作，建立旅游形象推广机构和网络，开展旅游国际合作与交流。

县级以上地方人民政府统筹组织本地的旅游形象推广工作。

第二十六条　国务院旅游主管部门和县级以上地方人民政府应当根据需要建立旅游公共信息和咨询平台，无偿向旅游者提供旅游景区、线路、交通、气象、住宿、安全、医疗急救等必要信息和咨询服务。设区的市和县级人民政府有关部门应当根据需要在交通枢纽、商业中心和旅游者集中场所设置旅游咨询中心，在景区和通往主要景区的道路设置旅游指示标识。

旅游资源丰富的设区的市和县级人民政府可以根据本地的实际情况，建立旅游客运专线或者游客中转站，为旅游者在城市及周边旅游提供服务。

第二十七条　国家鼓励和支持发展旅游职业教育和培训，提高旅游从业人员素质。

第四章　旅游经营

第二十八条　设立旅行社，招徕、组织、接待旅游者，为其提供旅游服务，应当具备下列条件，取得旅游主管部门的许可，依法办理工商登记：

（一）有固定的经营场所；

（二）有必要的营业设施；

（三）有符合规定的注册资本；

（四）有必要的经营管理人员和导游；

（五）法律、行政法规规定的其他条件。

第二十九条　旅行社可以经营下列业务：

（一）境内旅游；

（二）出境旅游；

（三）边境旅游；

（四）入境旅游；

（五）其他旅游业务。

旅行社经营前款第二项和第三项业务，应当取得相应的业务经营许可，具体条件由国务院规定。

第三十条 旅行社不得出租、出借旅行社业务经营许可证，或者以其他形式非法转让旅行社业务经营许可。

第三十一条 旅行社应当按照规定交纳旅游服务质量保证金，用于旅游者权益损害赔偿和垫付旅游者人身安全遇有危险时紧急救助的费用。

第三十二条 旅行社为招徕、组织旅游者发布信息，必须真实、准确，不得进行虚假宣传，误导旅游者。

第三十三条 旅行社及其从业人员组织、接待旅游者，不得安排参观或者参与违反我国法律、法规和社会公德的项目或者活动。

第三十四条 旅行社组织旅游活动应当向合格的供应商订购产品和服务。

第三十五条 旅行社不得以不合理的低价组织旅游活动，诱骗旅游者，并通过安排购物或者另行付费旅游项目获取回扣等不正当利益。

旅行社组织、接待旅游者，不得指定具体购物场所，不得安排另行付费旅游项目。但是，经双方协商一致或者旅游者要求，且不影响其他旅游者行程安排的除外。

发生违反前两款规定情形的，旅游者有权在旅游行程结束后三十日内，要求旅行社为其办理退货并先行垫付退货货款，或者退还另行付费旅游项目的费用。

第三十六条 旅行社组织团队出境旅游或者组织、接待团队入境旅游，应当按照规定安排领队或者导游全程陪同。

第三十七条 参加导游资格考试成绩合格，与旅行社订立劳动合同或者在相关旅游行业组织注册的人员，可以申请取得导游证。

第三十八条 旅行社应当与其聘用的导游依法订立劳动合同，支付劳动报酬，缴纳社会保险费用。

旅行社临时聘用导游为旅游者提供服务的，应当全额向导游支付本法第六十条第三款规定的导游服务费用。

旅行社安排导游为团队旅游提供服务的，不得要求导游垫付或者向导游收取任何费用。

第三十九条　取得导游证，具有相应的学历、语言能力和旅游从业经历，并与旅行社订立劳动合同的人员，可以申请取得领队证。

第四十条　导游和领队为旅游者提供服务必须接受旅行社委派，不得私自承揽导游和领队业务。

第四十一条　导游和领队从事业务活动，应当佩戴导游证、领队证，遵守职业道德，尊重旅游者的风俗习惯和宗教信仰，应当向旅游者告知和解释旅游文明行为规范，引导旅游者健康、文明旅游，劝阻旅游者违反社会公德的行为。

导游和领队应当严格执行旅游行程安排，不得擅自变更旅游行程或者中止服务活动，不得向旅游者索取小费，不得诱导、欺骗、强迫或者变相强迫旅游者购物或者参加另行付费旅游项目。

第四十二条　景区开放应当具备下列条件，并听取旅游主管部门的意见：

（一）有必要的旅游配套服务和辅助设施；

（二）有必要的安全设施及制度，经过安全风险评估，满足安全条件；

（三）有必要的环境保护设施和生态保护措施；

（四）法律、行政法规规定的其他条件。

第四十三条　利用公共资源建设的景区的门票以及景区内的游览场所、交通工具等另行收费项目，实行政府定价或者政府指导价，严格控制价格上涨。拟收费或者提高价格的，应当举行听证会，征求旅游者、经营者和有关方面的意见，论证其必要性、可行性。

利用公共资源建设的景区，不得通过增加另行收费项目等方式变相涨价；另行收费项目已收回投资成本的，应当相应降低价格或者取消收费。

公益性的城市公园、博物馆、纪念馆等，除重点文物保护单位和珍贵文物收藏单位外，应当逐步免费开放。

第四十四条　景区应当在醒目位置公示门票价格、另行收费项目的价格及团体收费价格。景区提高门票价格应当提前六个月公布。

将不同景区的门票或者同一景区内不同游览场所的门票合并出售的，合并后的价格不得高于各单项门票的价格之和，且旅游者有权选择购买其中的单项票。

景区内的核心游览项目因故暂停向旅游者开放或者停止提供服务的，应当公示并相应减少收费。

第四十五条　景区接待旅游者不得超过景区主管部门核定的最大承载量。景区应当公布景区主管部门核定的最大承载量，制定和实施旅游者流量控制方案，并可以采取门票预约等方式，对景区接待旅游者的数量进行控制。

旅游者数量可能达到最大承载量时，景区应当提前公告并同时向当地人民政府报告，景区和当地人民政府应当及时采取疏导、分流等措施。

第四十六条　城镇和乡村居民利用自有住宅或者其他条件依法从事旅游经营，其管理办法由省、自治区、直辖市制定。

第四十七条　经营高空、高速、水上、潜水、探险等高风险旅游项目，应当按照国家有关规定取得经营许可。

第四十八条　通过网络经营旅行社业务的，应当依法取得旅行社业务经营许可，并在其网站主页的显著位置标明其业务经营许可证信息。

发布旅游经营信息的网站，应当保证其信息真实、准确。

第四十九条　为旅游者提供交通、住宿、餐饮、娱乐等服务的经营者，应当符合法律、法规规定的要求，按照合同约定履行义务。

第五十条　旅游经营者应当保证其提供的商品和服务符合保障人身、财产安全的要求。

旅游经营者取得相关质量标准等级的，其设施和服务不得低于相应标准；未取得质量标准等级的，不得使用相关质量等级的称谓和标识。

第五十一条　旅游经营者销售、购买商品或者服务，不得给予或者收受贿赂。

第五十二条　旅游经营者对其在经营活动中知悉的旅游者个人信息，应当予以保密。

第五十三条　从事道路旅游客运的经营者应当遵守道路客运安全管理的各项制度，并在车辆显著位置明示道路旅游客运专用标识，在车厢内显著位置公示经营者和驾驶人信息、道路运输管理机构监督电话等事项。

第五十四条　景区、住宿经营者将其部分经营项目或者场地交由他人从事住宿、餐饮、购物、游览、娱乐、旅游交通等经营的，应当对实际经营者的经营行为给旅游者造成的损害承担连带责任。

第五十五条　旅游经营者组织、接待出入境旅游，发现旅游者从事违法活动或者有违反本法第十六条规定情形的，应当及时向公安机关、旅游主管部门或者我国驻外机构报告。

第五十六条　国家根据旅游活动的风险程度，对旅行社、住宿、旅游交通以及本法第四十七条规定的高风险旅游项目等经营者实施责任保险制度。

第五章　旅游服务合同

第五十七条　旅行社组织和安排旅游活动，应当与旅游者订立合同。

第五十八条　包价旅游合同应当采用书面形式，包括下列内容：

（一）旅行社、旅游者的基本信息；

（二）旅游行程安排；

（三）旅游团成团的最低人数；

（四）交通、住宿、餐饮等旅游服务安排和标准；

（五）游览、娱乐等项目的具体内容和时间；

（六）自由活动时间安排；

（七）旅游费用及其交纳的期限和方式；

（八）违约责任和解决纠纷的方式；

（九）法律、法规规定和双方约定的其他事项。

订立包价旅游合同时，旅行社应当向旅游者详细说明前款第二项至第八项所载内容。

第五十九条　旅行社应当在旅游行程开始前向旅游者提供旅游行程单。旅游行程单是包价旅游合同的组成部分。

第六十条　旅行社委托其他旅行社代理销售包价旅游产品并与旅游者订立包价旅游合同的，应当在包价旅游合同中载明委托社和代理社的基本信息。

旅行社依照本法规定将包价旅游合同中的接待业务委托给地接社履行的，应当在包价旅游合同中载明地接社的基本信息。

安排导游为旅游者提供服务的，应当在包价旅游合同中载明导游服务费用。

第六十一条　旅行社应当提示参加团队旅游的旅游者按照规定投保人身意外伤害保险。

第六十二条　订立包价旅游合同时，旅行社应当向旅游者告知下列事项：

（一）旅游者不适合参加旅游活动的情形；

（二）旅游活动中的安全注意事项；

（三）旅行社依法可以减免责任的信息；

（四）旅游者应当注意的旅游目的地相关法律、法规和风俗习惯、宗教禁忌，依照中国法律不宜参加的活动等；

（五）法律、法规规定的其他应当告知的事项。

在包价旅游合同履行中，遇有前款规定事项的，旅行社也应当告知旅游者。

第六十三条　旅行社招徕旅游者组团旅游，因未达到约定人数不能出团的，组团社可以解除合同。但是，境内旅游应当至少提前七日通知旅游者，出境旅游应当至少提前三十日通知旅游者。

因未达到约定人数不能出团的，组团社经征得旅游者书面同意，可以委托其他旅行社履行合同。组团社对旅游者承担责任，受委托的旅行社对组团社承担责任。旅游者不同意的，可以解除合同。

因未达到约定的成团人数解除合同的，组团社应当向旅游者退还已收取的全部费用。

第六十四条　旅游行程开始前，旅游者可以将包价旅游合同中自身的权利义务转让给第三人，旅行社没有正当理由的不得拒绝，因此增加的费用由旅游者和第三人承担。

第六十五条　旅游行程结束前，旅游者解除合同的，组团社应当在扣除必要的费用后，将余款退还旅游者。

第六十六条　旅游者有下列情形之一的，旅行社可以解除合同：

（一）患有传染病等疾病，可能危害其他旅游者健康和安全的；

（二）携带危害公共安全的物品且不同意交有关部门处理的；

（三）从事违法或者违反社会公德的活动的；

（四）从事严重影响其他旅游者权益的活动，且不听劝阻、不能制止的；

（五）法律规定的其他情形。

因前款规定情形解除合同的，组团社应当在扣除必要的费用后，将余款退还旅游者；给旅行社造成损失的，旅游者应当依法承担赔偿责任。

第六十七条　因不可抗力或者旅行社、履行辅助人已尽合理注意义务仍不能避免的事件，影响旅游行程的，按照下列情形处理：

（一）合同不能继续履行的，旅行社和旅游者均可以解除合同。合同不能完全履行的，旅行社经向旅游者作出说明，可以在合理范围内变更合同；旅游者不同意变更的，可以解除合同。

（二）合同解除的，组团社应当在扣除已向地接社或者履行辅助人支付且不可退还的费用后，将余款退还旅游者；合同变更的，因此增加的费用由旅游者承担，减少的费用退还旅游者。

（三）危及旅游者人身、财产安全的，旅行社应当采取相应的安全措施，因此支出的费用，由旅行社与旅游者分担。

（四）造成旅游者滞留的，旅行社应当采取相应的安置措施。因此增加的食宿费用，由旅游者承担；增加的返程费用，由旅行社与旅游者分担。

第六十八条　旅游行程中解除合同的，旅行社应当协助旅游者返回出发地或者旅游者指定的合理地点。由于旅行社或者履行辅助人的原因导致合同解除的，返程费用由旅行社承担。

第六十九条　旅行社应当按照包价旅游合同的约定履行义务，不得擅自变更旅游行程安排。

经旅游者同意，旅行社将包价旅游合同中的接待业务委托给其他具有相应资质的地接社履行的，应当与地接社订立书面委托合同，约定双方的权利和义务，向地接社提供与旅游者订立的包价旅游合同的副本，并向地接社支付不低于接待和服务成本的费用。地接社应当按照包价旅游合同和委托合同提供服务。

第七十条　旅行社不履行包价旅游合同义务或者履行合同义务不符合约定的，应当依法承担继续履行、采取补救措施或者赔偿损失等违约责任；造成旅游者人身损害、财产损失的，应当依法承担赔偿责任。旅行社具备履行条件，经旅游者要求仍拒绝履行合同，造成旅游者人身损害、滞留等严重后果的，旅游者还可以要求旅行社支付旅游费用一倍以上三倍以下的赔偿金。

由于旅游者自身原因导致包价旅游合同不能履行或者不能按照约定履行，或者造成旅游者人身损害、财产损失的，旅行社不承担责任。

在旅游者自行安排活动期间，旅行社未尽到安全提示、救助义务的，应当对旅游者的人身损害、财产损失承担相应责任。

第七十一条　由于地接社、履行辅助人的原因导致违约的，由组团社承担责任；组团社承担责任后可以向地接社、履行辅助人追偿。

由于地接社、履行辅助人的原因造成旅游者人身损害、财产损失的，旅游者可以要求地接社、履行辅助人承担赔偿责任，也可以要求组团社承担赔偿责任；组团社承担责任后可以向地接社、履行辅助人追偿。但是，由于公共交通经营者的原因造成旅游者人身损害、财产损失的，由公共交通经营者依法承担赔偿责任，旅行社应当协助旅游者向公共交通经营者索赔。

第七十二条　旅游者在旅游活动中或者在解决纠纷时，损害旅行社、履行辅助人、旅游从业人员或者其他旅游者的合法权益的，依法承担赔偿责任。

第七十三条　旅行社根据旅游者的具体要求安排旅游行程，与旅游者订立包价旅游合同的，旅游者请求变更旅游行程安排，因此增加的费用由旅游者承担，减少的费用退还旅游者。

第七十四条　旅行社接受旅游者的委托，为其代订交通、住宿、餐饮、游览、娱乐等旅游服务，收取代办费用的，应当亲自处理委托事务。因旅行社的过错给旅游者造成损失的，旅行社应当承担赔偿责任。

旅行社接受旅游者的委托，为其提供旅游行程设计、旅游信息咨询等服务的，应当保证设计合理、可行，信息及时、准确。

第七十五条　住宿经营者应当按照旅游服务合同的约定为团队旅游者提供住宿服务。住宿经营者未能按照旅游服务合同提供服务的，应当为旅游者提供不低于原定标准的住宿服务，因此增加的费用由住宿经营者承担；但由于不可抗力、政府因公共利益需要采取措施造成不能提供服务的，住宿经营者应当协助安排旅游者住宿。

第六章　旅游安全

第七十六条　县级以上人民政府统一负责旅游安全工作。县级以上人民政府有关部门依照法律、法规履行旅游安全监管职责。

第七十七条　国家建立旅游目的地安全风险提示制度。旅游目的地安全风险提示的级别划分和实施程序，由国务院旅游主管部门会同有关部门制定。

县级以上人民政府及其有关部门应当将旅游安全作为突发事件监测和评估的重要内容。

第七十八条　县级以上人民政府应当依法将旅游应急管理纳入政府应急管理体系，制定应急预案，建立旅游突发事件应对机制。

突发事件发生后，当地人民政府及其有关部门和机构应当采取措施开展救援，并协助旅游者返回出发地或者旅游者指定的合理地点。

第七十九条　旅游经营者应当严格执行安全生产管理和消防安全管理的法律、法规和国家标准、行业标准，具备相应的安全生产条件，制定旅游者安全保护制度和应急预案。

旅游经营者应当对直接为旅游者提供服务的从业人员开展经常性应急救助技能培训，对提供的产品和服务进行安全检验、监测和评估，采取必要措施防止危害发生。

旅游经营者组织、接待老年人、未成年人、残疾人等旅游者，应当采取相应的安全保障措施。

第八十条　旅游经营者应当就旅游活动中的下列事项，以明示的方式事先向旅游者作出说明或者警示：

（一）正确使用相关设施、设备的方法；

（二）必要的安全防范和应急措施；

（三）未向旅游者开放的经营、服务场所和设施、设备；

（四）不适宜参加相关活动的群体；

（五）可能危及旅游者人身、财产安全的其他情形。

第八十一条　突发事件或者旅游安全事故发生后，旅游经营者应当立即采取必要的救助和处置措施，依法履行报告义务，并对旅游者作出妥善安排。

第八十二条　旅游者在人身、财产安全遇有危险时，有权请求旅游经营者、当地政府和相关机构进行及时救助。

中国出境旅游者在境外陷于困境时，有权请求我国驻当地机构在其职责范围内给予协助和保护。

旅游者接受相关组织或者机构的救助后，应当支付应由个人承担的费用。

第七章　旅游监督管理

第八十三条　县级以上人民政府旅游主管部门和有关部门依照本法和有关法律、法规的规定，在各自职责范围内对旅游市场实施监督管理。

县级以上人民政府应当组织旅游主管部门、有关主管部门和工商行政管理、产品质量监督、交通等执法部门对相关旅游经营行为实施监督检查。

第八十四条　旅游主管部门履行监督管理职责，不得违反法律、行政法规的规定向监督管理对象收取费用。

旅游主管部门及其工作人员不得参与任何形式的旅游经营活动。

第八十五条　县级以上人民政府旅游主管部门有权对下列事项实施监督检查：

（一）经营旅行社业务以及从事导游、领队服务是否取得经营、执业许可；

（二）旅行社的经营行为；

（三）导游和领队等旅游从业人员的服务行为；

（四）法律、法规规定的其他事项。

旅游主管部门依照前款规定实施监督检查，可以对涉嫌违法的合同、票据、账簿以及其他资料进行查阅、复制。

第八十六条　旅游主管部门和有关部门依法实施监督检查，其监督检查人员不得少于二人，并应当出示合法证件。监督检查人员少于二人或者未出示合法证件的，被检查单位和个人有权拒绝。

监督检查人员对在监督检查中知悉的被检查单位的商业秘密和个人信息应当依法保密。

第八十七条　对依法实施的监督检查，有关单位和个人应当配合，如实说明情况并提供文件、资料，不得拒绝、阻碍和隐瞒。

第八十八条　县级以上人民政府旅游主管部门和有关部门，在履行监督检查职责中或者在处理举报、投诉时，发现违反本法规定行为的，应当依法及时作出处理；对不属于本部门职责范围的事项，应当及时书面通知并移交有关部门查处。

第八十九条　县级以上地方人民政府建立旅游违法行为查处信息的共享机制，对需要跨部门、跨地区联合查处的违法行为，应当进行督办。

旅游主管部门和有关部门应当按照各自职责，及时向社会公布监督检查的情况。

第九十条　依法成立的旅游行业组织依照法律、行政法规和章程的规定，制定行业经营规范和服务标准，对其会员的经营行为和服务质量进行自律管理，组织开展职业道德教育和业务培训，提高从业人员素质。

第八章　旅游纠纷处理

第九十一条　县级以上人民政府应当指定或者设立统一的旅游投诉受理机构。受理机构接到投诉，应当及时进行处理或者移交有关部门处理，并告知投诉者。

第九十二条　旅游者与旅游经营者发生纠纷，可以通过下列途径解决：

（一）双方协商；

（二）向消费者协会、旅游投诉受理机构或者有关调解组织申请调解；

（三）根据与旅游经营者达成的仲裁协议提请仲裁机构仲裁；

（四）向人民法院提起诉讼。

第九十三条　消费者协会、旅游投诉受理机构和有关调解组织在双方自愿的基础上，依法对旅游者与旅游经营者之间的纠纷进行调解。

第九十四条　旅游者与旅游经营者发生纠纷，旅游者一方人数众多并有共同请求的，可以推选代表人参加协商、调解、仲裁、诉讼活动。

第九章　法律责任

第九十五条　违反本法规定，未经许可经营旅行社业务的，由旅游主管部门或者工商行政管理部门责令改正，没收违法所得，并处一万元以上十万元以下罚款；违法所得十万元以上的，并处违法所得一倍以上五倍以下罚款；对有关责任人员，处二千元以上二万元以下罚款。

旅行社违反本法规定，未经许可经营本法第二十九条第一款第二项、第三项业务，或者出租、出借旅行社业务经营许可证，或者以其他方式非法转让旅行社业务经营许可的，除依照前款规定处罚外，并责令停业整顿；情节严重的，吊销旅行社业务经营许可证；对直接负责的主管人员，处二千元以上二万元以下罚款。

第九十六条　旅行社违反本法规定，有下列行为之一的，由旅游主管部门责令改正，没收违法所得，并处五千元以上五万元以下罚款；情节严重的，责令停业整顿或者吊销旅行社业务经营许可证；对直接负责的主管人员和其他直接责任人员，处二千元以上二万元以下罚款：

（一）未按照规定为出境或者入境团队旅游安排领队或者导游全程陪同的；

（二）安排未取得导游证或者领队证的人员提供导游或者领队服务的；

（三）未向临时聘用的导游支付导游服务费用的；

（四）要求导游垫付或者向导游收取费用的。

第九十七条　旅行社违反本法规定，有下列行为之一的，由旅游主管部门或者有关部门责令改正，没收违法所得，并处五千元以上五万元以下罚款；违法所得五万元以上的，并处违法所得一倍以上五倍以下罚款；情节严重的，责令停业整顿或者吊销旅行社业务经营许可证；对直接负责的主管人员和其他直接责任人员，处二千元以上二万元以下罚款：

（一）进行虚假宣传，误导旅游者的；

（二）向不合格的供应商订购产品和服务的；

（三）未按照规定投保旅行社责任保险的。

第九十八条　旅行社违反本法第三十五条规定的，由旅游主管部门责令改正，没收违法所得，责令停业整顿，并处三万元以上三十万元以下罚款；违法所得三十万元以上的，并处违法所得一倍以上五倍以下罚款；情节严重的，吊销旅行社业务经营许可证；对直接负责的主管人员和其他直接责任人员，没收违法所得，处二千元以上二万元以下罚款，并暂扣或者吊销导游证、领队证。

第九十九条　旅行社未履行本法第五十五条规定的报告义务的，由旅游主管部门处五千元以上五万元以下罚款；情节严重的，责令停业整顿或者吊销旅行社业务经营许可证；对直接负责的主管人员和其他直接责任人员，处二千元以上二万元以下罚款，并暂扣或者吊销导游证、领队证。

第一百条　旅行社违反本法规定，有下列行为之一的，由旅游主管部门责令改正，处三万元以上三十万元以下罚款，并责令停业整顿；造成旅游者滞留等严重后果的，吊销旅行社业务经营许可证；对直接负责的主管人员和其他直接责任人员，处二千元以上二万元以下罚款，并暂扣或者吊销导游证、领队证：

（一）在旅游行程中擅自变更旅游行程安排，严重损害旅游者权益的；

（二）拒绝履行合同的；

（三）未征得旅游者书面同意，委托其他旅行社履行包价旅游合同的。

第一百零一条　旅行社违反本法规定，安排旅游者参观或者参与违反我国法律、法规和社会公德的项目或者活动的，由旅游主管部门责令改正，没收违法所得，责令停业整顿，并处二万元以上二十万元以下罚款；情节严重的，吊销旅行社业务经营许可证；对直接负责的主管人员和其他直接责任人员，处二千元以上二万元以下罚款，并暂扣或者吊销导游证、领队证。

第一百零二条　违反本法规定，未取得导游证或者领队证从事导游、领队活动的，由旅游主管部门责令改正，没收违法所得，并处一千元以上一万元以下罚款，予以公告。

导游、领队违反本法规定，私自承揽业务的，由旅游主管部门责令改正，没收违法所得，处一千元以上一万元以下罚款，并暂扣或者吊销导游证、领队证。

导游、领队违反本法规定，向旅游者索取小费的，由旅游主管部门责令退还，处一千元以上一万元以下罚款；情节严重的，并暂扣或者吊销导游证、领队证。

第一百零三条　违反本法规定被吊销导游证、领队证的导游、领队和受到吊销旅行社业务经营许可证处罚的旅行社的有关管理人员，自处罚之日起未逾三年的，不得重新申请导游证、领队证或者从事旅行社业务。

第一百零四条　旅游经营者违反本法规定，给予或者收受贿赂的，由工商行政管理部门依照有关法律、法规的规定处罚；情节严重的，并由旅游主管部门吊销旅行社业务经营许可证。

第一百零五条　景区不符合本法规定的开放条件而接待旅游者的，由景区主管部门责令停业整顿直至符合开放条件，并处二万元以上二十万元以下罚款。

景区在旅游者数量可能达到最大承载量时，未依照本法规定公告或者未向当地人民政府报告，未及时采取疏导、分流等措施，或者超过最大承载量接待旅游者的，由景区主管部门责令改正，情节严重的，责令停业整顿一个月至六个月。

第一百零六条　景区违反本法规定，擅自提高门票或者另行收费项目的价格，或者有其他价格违法行为的，由有关主管部门依照有关法律、法规的规定处罚。

第一百零七条　旅游经营者违反有关安全生产管理和消防安全管理的法律、法规或者国家标准、行业标准的，由有关主管部门依照有关法律、法规的规定处罚。

第一百零八条　对违反本法规定的旅游经营者及其从业人员，旅游主管部门和有关部门应当记入信用档案，向社会公布。

第一百零九条　旅游主管部门和有关部门的工作人员在履行监督管理职责中，滥用职权、玩忽职守、徇私舞弊，尚不构成犯罪的，依法给予处分。

第一百一十条　违反本法规定，构成犯罪的，依法追究刑事责任。

第十章　附则

第一百一十一条　本法下列用语的含义：

（一）旅游经营者，是指旅行社、景区以及为旅游者提供交通、住宿、餐饮、购物、娱乐等服务的经营者。

（二）景区，是指为旅游者提供游览服务、有明确的管理界限的场所或者区域。

（三）包价旅游合同，是指旅行社预先安排行程，提供或者通过履行辅助人提供交通、住宿、餐饮、游览、导游或者领队等两项以上旅游服务，旅游者以总价支付旅游费用的合同。

（四）组团社，是指与旅游者订立包价旅游合同的旅行社。

（五）地接社，是指接受组团社委托，在目的地接待旅游者的旅行社。

（六）履行辅助人，是指与旅行社存在合同关系，协助其履行包价旅游合同义务，实际提供相关服务的法人或者自然人。

第一百一十二条　本法自 2013 年 10 月 1 日起施行。

资料全文来源于中华人民共和国中央政府网站（http：//www. gov. cn/flfg/2013 –04/25/content_ 2390945. htm）。

附录 4　中国优秀旅游城市名录、5A 级景区名录

中国优秀旅游城市名录（共 339 家）

直辖市（4 个）

北京市、天津市、上海市、重庆市

河北省（10 个）

秦皇岛市、承德市、石家庄市、涿州市、廊坊市、保定市、邯郸市、武安市、遵化市、唐山市

山西省（5 个）

太原市、大同市、永济市、晋城市、长治市

内蒙古自治区（11 个）

包头市、锡林浩特市、呼和浩特市、呼伦贝尔市、满洲里市、扎兰屯市、赤峰市、阿尔山市、霍林郭勒市、通辽市、鄂尔多斯市

辽宁省（18个）

大连市、沈阳市、丹东市、鞍山市、抚顺市、本溪市、锦州市、葫芦岛市、辽阳市、兴城市、铁岭市、盘锦市、朝阳市、营口市、阜新市、庄河市、开原市、凤城市

吉林省（7个）

长春市、吉林市、蛟河市、集安市、延吉市、敦化市、桦甸市

黑龙江省（11个）

哈尔滨市、牡丹江市、伊春市、大庆市、阿城市、绥芬河市、齐齐哈尔市、铁力市、虎林市、黑河市、海林市

江苏省（28个）

南京市、无锡市、扬州市、苏州市、镇江市、徐州市、昆山市、江阴市、吴江市、宜兴市、常熟市、句容市、吴县市、常州市、南通市、连云港市、溧阳市、淮安市、盐城市、张家港市、太仓市、如皋市、金坛市、东台市、邳州市、泰州市、宿迁市、大丰市

浙江省（27个）

杭州市、宁波市、绍兴市、金华市、临安市、诸暨市、建德市、温州市、东阳市、桐乡市、湖州市、嘉兴市、临海市、温岭市、富阳市、海宁市、衢州市、舟山市、瑞安市、兰溪市、奉化市、台州市、江山市、余姚市、义乌市、乐清市、丽水市

安徽省（10个）

黄山市、合肥市、亳州市、马鞍山市、安庆市、芜湖市、池州市、铜陵市、宣城市、淮南市

福建省（8个）

厦门市、武夷山市、福州市、泉州市、永安市、三明市、漳州市、长乐市

江西省（9个）

井冈山市、南昌市、九江市、赣州市、鹰潭市、景德镇市、上饶市、宜春

市、吉安市

山东省（35个）

青岛市、济南市、威海市、烟台市、泰安市、曲阜市、蓬莱市、文登市、荣成市、胶南市、淄博市、青州市、潍坊市、聊城市、日照市、乳山市、临沂市、济宁市、邹城市、寿光市、海阳市、龙口市、章丘市、莱芜市、德州市、新泰市、诸城市、即墨市、栖霞市、枣庄市、菏泽市、滨州市、东营市、莱州市、招远市

河南省（27个）

郑州市、开封市、濮阳市、济源市、登封市、洛阳市、三门峡市、安阳市、焦作市、鹤壁市、灵宝市、新郑市、许昌市、新乡市、商丘市、南阳市、禹州市、长葛市、舞钢市、平顶山市、信阳市、漯河市、驻马店市、周口市、沁阳市、巩义市、汝州市

湖北省（12个）

武汉市、宜昌市、荆州市、十堰市、钟祥市、襄樊市、荆门市、鄂州市、赤壁市、孝感市、恩施市、利川市

湖南省（12个）

长沙市、岳阳市、韶山市、常德市、张家界市、郴州市、资兴市、浏阳市、株洲市、湘潭市、益阳市、娄底市

广东省（21个）

深圳市、广州市、珠海市、肇庆市、中山市、佛山市、江门市、汕头市、惠州市、南海市、韶关市、清远市、阳江市、东莞市、潮州市、湛江市、河源市、开平市、梅州市、茂名市、阳春市

广西壮族自治区（12个）

桂林市、南宁市、北海市、柳州市、玉林市、梧州市、桂平市、钦州市、百色市、贺州市、凭祥市、宜州市

海南省（5个）

海口市、三亚市、琼山市、儋州市、琼海市

四川省（21个）

成都市、峨眉市、都江堰市、乐山市、崇州市、绵阳市、广安市、自贡市、阆中市、宜宾市、泸州市、攀枝花市、雅安市、江油市、南充市、西昌市、华蓥市、邛崃市、德阳市、广元市、遂宁市

贵州省（7个）

贵阳市、都匀市、凯里市、遵义市、安顺市、赤水市、兴义市

云南省（7个）

昆明市、景洪市、大理市、瑞丽市、潞西市、丽江市、保山市

西藏自治区（1个）

拉萨市

陕西省（6个）

西安市、咸阳市、宝鸡市、延安市、韩城市、汉中市

甘肃省（9个）

敦煌市、嘉峪关市、天水市、兰州市、张掖市、武威市、酒泉市、平凉市、合作市

青海省（2个）

格尔木市、西宁市

宁夏回族自治区（1个）

银川市

新疆维吾尔自治区（12个）

吐鲁番市、库尔勒市、乌鲁木齐市、喀什市、克拉玛依市、哈密市、阿克苏市、伊宁市、阿勒泰市、昌吉市、博乐市、阜康市

新疆生产建设兵团（1个）

石河子市

全国 AAAAA 级景区名录（截至 2020 年 1 月）

序号	景区名称	所在地
1	北京八达岭—慕田峪长城旅游区	北京
2	北京市奥林匹克公园	北京

续表

序号	景区名称	所在地
3	北京市明十三陵景区	北京
4	北京市海淀区圆明园景区	北京
5	天坛公园	北京
6	恭王府景区	北京
7	故宫博物院	北京
8	颐和园	北京
9	天津古文化街旅游区（津门故里）	天津
10	天津盘山风景名胜区	天津
11	保定市安新白洋淀景区	河北
12	唐山市清东陵景区	河北
13	承德避暑山庄及周围寺庙景区	河北
14	河北保定野三坡景区	河北
15	河北省保定市清西陵景区	河北
16	河北省保定市白石山景区	河北
17	河北省石家庄市西柏坡景区	河北
18	河北省邯郸市广府古城景区	河北
19	秦皇岛市山海关景区	河北
20	邯郸市娲皇宫景区	河北
21	大同市云冈石窟	山西
22	山西晋城皇城相府生态文化旅游区	山西
23	山西省临汾市洪洞大槐树寻根祭祖园景区	山西
24	山西省忻州市雁门关景区	山西
25	山西省长治市壶关太行山大峡谷八泉峡景区	山西
26	忻州市五台山风景名胜区	山西
27	晋中市介休绵山景区	山西
28	晋中市平遥古城景区	山西
29	内蒙古自治区满洲里市中俄边境旅游区	内蒙古
30	内蒙古自治区赤峰市阿斯哈图石阵旅游区	内蒙古
31	内蒙古自治区阿尔山·柴河旅游景区	内蒙古
32	内蒙古自治区阿拉善盟胡杨林旅游景区	内蒙古
33	内蒙古鄂尔多斯响沙湾旅游景区	内蒙古

续表

序号	景区名称	所在地
34	内蒙古鄂尔多斯成吉思汗陵旅游区	内蒙古
35	大连老虎滩海洋公园·老虎滩极地馆	辽宁
36	本溪市本溪水洞景区	辽宁
37	沈阳市植物园	辽宁
38	辽宁大连金石滩景区	辽宁
39	辽宁省盘锦市红海滩风景廊道景区	辽宁
40	辽宁省鞍山市千山景区	辽宁
41	吉林省通化市高句丽文物古迹旅游景区	吉林
42	吉林省长春市世界雕塑公园旅游景区	吉林
43	吉林长春净月潭景区	吉林
44	敦化市六鼎山文化旅游区	吉林
45	长春市伪满皇宫博物院	吉林
46	长春市长影世纪城旅游区	吉林
47	长白山景区	吉林
48	伊春市汤旺河林海奇石景区	黑龙江
49	哈尔滨市太阳岛景区	黑龙江
50	漠河北极村旅游区	黑龙江
51	黑龙江牡丹江镜泊湖景区	黑龙江
52	黑龙江省虎林市虎头旅游景区	黑龙江
53	黑龙江黑河五大连池景区	黑龙江
54	上海东方明珠广播电视塔	上海
55	上海科技馆	上海
56	上海野生动物园	上海
57	中央电视台无锡影视基地三国水浒景区	江苏
58	南京市夫子庙—秦淮风光带景区	江苏
59	南京市钟山风景名胜区—中山陵园风景区	江苏
60	南通市濠河景区	江苏
61	周恩来故里旅游景区	江苏
62	大丰中华麋鹿园景区	江苏
63	常州市天目湖景区	江苏
64	常州市环球恐龙城休闲旅游区	江苏

续表

序号	景区名称	所在地
65	扬州市瘦西湖风景区	江苏
66	无锡市灵山景区	江苏
67	无锡市鼋头渚景区	江苏
68	江苏省姜堰市溱湖旅游景区	江苏
69	江苏省常州市中国春秋淹城旅游区	江苏
70	江苏省徐州市云龙湖景区	江苏
71	江苏省无锡市惠山古镇景区	江苏
72	江苏省连云港花果山景区	江苏
73	苏州园林（拙政园、虎丘山、留园）	江苏
74	苏州市同里古镇景区	江苏
75	苏州市吴中太湖旅游区	江苏
76	苏州市周庄古镇景区江苏	江苏
77	苏州市沙家浜·虞山尚湖旅游区	江苏
78	苏州市金鸡湖景区	江苏
79	镇江市句容茅山景区	江苏
80	镇江市金山·焦山·北固山旅游景区	江苏
81	台州市天台山景区	浙江
82	台州市神仙居景区	浙江
83	嘉兴市桐乡乌镇古镇旅游区	浙江
84	宁波市奉化溪口—滕头旅游景区	浙江
85	杭州市千岛湖风景名胜区	浙江
86	杭州市西湖风景名胜区	浙江
87	浙江省丽水市缙云仙都景区	浙江
88	浙江省嘉兴市南湖旅游区	浙江
89	浙江省嘉兴市西塘古镇旅游景区	浙江
90	浙江省宁波市天一阁·月湖景区	浙江
91	浙江省杭州西溪湿地旅游区	浙江
92	浙江省绍兴市鲁迅故里沈园景区	浙江
93	浙江省衢州市江郎山·廿八都景区	浙江
94	温州市雁荡山风景名胜区	浙江
95	湖州市南浔古镇景区	浙江

序号	景区名称	所在地
96	舟山市普陀山风景名胜区	浙江
97	衢州市开化根宫佛国文化旅游景区	浙江
98	金华市东阳横店影视城景区	浙江
99	安徽省安庆市天柱山风景区	安徽
100	六安市天堂寨旅游景区	安徽
101	合肥市三河古镇景区	安徽
102	安徽省六安市万佛湖景区	安徽
103	安徽省宣城市绩溪龙川景区	安徽
104	安徽省芜湖市方特旅游区	安徽
105	安徽省黄山市皖南古村落—西递宏村	安徽
106	池州市九华山风景区	安徽
107	阜阳市颍上八里河景区	安徽
108	黄山市古徽州文化旅游区	安徽
109	黄山市黄山风景区	安徽
110	南平市武夷山风景名胜区	福建
111	福建省土楼（永定·南靖）旅游	福建
112	厦门市鼓浪屿风景名胜区	福建
113	宁德市白水洋—鸳鸯溪旅游区	福建
114	宁德市福鼎太姥山旅游区	福建
115	泉州市清源山景区	福建
116	福州市三坊七巷景区	福建
117	福建省三明市泰宁风景旅游区	福建
118	龙岩市古田旅游区	福建
119	上饶市婺源江湾景区	江西
120	吉安市井冈山风景旅游区	江西
121	宜春市明月山旅游区	江西
122	景德镇古窑民俗博览区	江西
123	江西省上饶市三清山旅游景区	江西
124	江西省上饶市龟峰景区	江西
125	江西省南昌市滕王阁旅游区	江西
126	江西省庐山风景名胜区	江西

续表

序号	景区名称	所在地
127	江西省抚州市大觉山景区	江西
128	江西省萍乡市武功山景区	江西
129	江西省鹰潭市龙虎山旅游景区	江西
130	瑞金市共和国摇篮旅游区	江西
131	山东威海刘公岛景区	山东
132	山东烟台龙口南山景区	山东
133	山东省东营市黄河口生态旅游区	山东
134	山东省威海市华夏城旅游景区	山东
135	山东省沂蒙山旅游区	山东
136	山东省潍坊市青州古城旅游区	山东
137	山东青岛崂山景区	山东
138	枣庄市台儿庄古城景区	山东
139	泰安市泰山景区	山东
140	济南市天下第一泉景区	山东
141	济宁市曲阜明故城（三孔）旅游区	山东
142	烟台市蓬莱阁旅游区（三仙山—八仙过海）	山东
143	南阳市西峡伏牛山老界岭·恐龙遗址园旅游区	河南
144	河南安阳殷墟景区	河南
145	河南开封清明上河园	河南
146	河南洛阳白云山景区	河南
147	河南省平顶山市尧山—中原大佛景区	河南
148	河南省新乡市八里沟景区	河南
149	河南省永城市芒砀山旅游景区	河南
150	河南省洛阳栾川老君山·鸡冠洞旅游区	河南
151	河南省红旗渠·太行大峡谷	河南
152	洛阳市龙潭大峡谷景区	河南
153	洛阳市龙门石窟景区	河南
154	焦作市云台山—神农山·青天河景区	河南
155	登封市嵩山少林景区	河南
156	驻马店市嵖岈山旅游景区	河南
157	宜昌市三峡大坝—屈原故里旅游区	湖北

序号	景区名称	所在地
158	宜昌市长阳清江画廊景区	湖北
159	恩施州恩施大峡谷景区	湖北
160	武汉市东湖景区	湖北
161	武汉市黄陂木兰文化生态旅游区	湖北
162	武汉市黄鹤楼公园	湖北
163	湖北省十堰市武当山风景区	湖北
164	湖北省咸宁市三国赤壁古战场景区	湖北
165	湖北省宜昌市三峡人家风景区	湖北
166	湖北省恩施州神龙溪纤夫文化旅游区	湖北
167	湖北省神农架旅游区	湖北
168	湖北省襄阳市古隆中景区	湖北
169	张家界武陵源—天门山旅游区	湖南
170	湖南省岳阳市岳阳楼—君山岛景区	湖南
171	湖南省株洲市炎帝陵景区	湖南
172	湖南省湘潭市韶山旅游区	湖南
173	湖南省邵阳市崀山景区	湖南
174	湖南省长沙市岳麓山·橘子洲旅游区	湖南
175	衡阳市南岳衡山旅游区	湖南
176	郴州市东江湖旅游区	湖南
177	长沙市花明楼景区	湖南
178	佛山市西樵山景区	广东
179	佛山市长鹿旅游休博园	广东
180	广东省中山市孙中山故里旅游区	广东
181	广东省广州市白云山风景区	广东
182	广东省惠州市惠州西湖旅游景区	广东
183	广东省清远市连州地下河旅游景区	广东
184	广东省肇庆市星湖旅游景区	广东
185	广东省韶关市丹霞山景区	广东
186	广州市长隆旅游度假区	广东
187	惠州市罗浮山景区	广东
188	梅州市雁南飞茶田景区	广东

	景区名称	所在地
	深圳华侨城旅游度假区	广东
	深圳市观澜湖休闲旅游区	广东
191	阳江市海陵岛大角湾海上丝路旅游区	广东
192	南宁市青秀山旅游区	广西
193	广西壮族自治区崇左市德天跨国瀑布景区	广西
194	广西壮族自治区百色市百色起义纪念园景区	广西
195	广西壮族自治区桂林市两江四湖·象山景区	广西
196	桂林市乐满地度假世界	广西
197	桂林市漓江景区	广西
198	桂林市独秀峰—王城景区	广西
199	三亚市南山大小洞天旅游区	海南
200	三亚市南山文化旅游区	海南
201	分界洲岛旅游区	海南
202	海南呀诺达雨林文化旅游区	海南
203	海南槟榔谷黎苗文化旅游区	海南
204	海南省三亚市蜈支洲岛旅游区	海南
205	武隆喀斯特旅游区（天生三桥·仙女山·芙蓉洞）	重庆
206	江津四面山景区	重庆
207	酉阳桃花源旅游景区	重庆
208	重庆大足石刻景区	重庆
209	重庆巫山小三峡—小小三峡	重庆
210	重庆市万盛经开区黑山谷景区	重庆
211	重庆市云阳龙缸景区	重庆
212	重庆市南川金佛山	重庆
213	重庆市彭水县阿依河景区	重庆
214	乐山市乐山大佛景区	四川
215	乐山市峨眉山景区	四川
216	南充市阆中古城旅游区	四川
217	四川省南充市仪陇朱德故里景区	四川
218	四川省甘孜州海螺沟景区	四川
219	四川省阿坝州黄龙景区	四川

序号	景区名称	所在地
220	四川省雅安市碧峰峡旅游景区	四川
221	广元市剑门蜀道剑门关旅游区	四川
222	广安市邓小平故里旅游区	四川
223	成都市青城山—都江堰旅游景区	四川
224	绵阳市北川羌城旅游区	四川
225	阿坝州汶川特别旅游区	四川
226	阿坝藏族羌族自治州九寨沟旅游景区	四川
227	安顺市黄果树大瀑布景区	贵州
228	安顺市龙宫景区	贵州
229	毕节市百里杜鹃景区	贵州
230	贵州省贵阳市花溪青岩古镇景区	贵州
231	贵州省铜仁市梵净山旅游区	贵州
232	贵州省黔东南州镇远古城旅游景区	贵州
233	黔南州荔波樟江景区	贵州
234	中国科学院西双版纳热带植物园	云南
235	丽江市丽江古城景区	云南
236	丽江市玉龙雪山景区	云南
237	云南省保山市腾冲火山热海旅游区	云南
238	云南省昆明市昆明世博园景区	云南
239	大理市崇圣寺三塔文化旅游区	云南
240	昆明市石林风景区	云南
241	迪庆州香格里拉普达措景区	云南
242	拉萨市大昭寺	西藏
243	拉萨布达拉宫景区	西藏
244	日喀则扎什伦布寺景区	西藏
245	林芝巴松措景区	西藏
246	商洛市金丝峡景区	陕西
247	宝鸡市法门寺佛文化景区	陕西
248	延安市黄帝陵景区	陕西
249	西安市华清池景区	陕西
250	西安市秦始皇兵马俑博物馆	陕西

续表

	景区名称	所在地
	陕西渭南华山景区	陕西
	陕西省宝鸡市太白山旅游景区	陕西
253	陕西省延安市延安革命纪念地景区	陕西
254	陕西省西安市城墙·碑林历史文化景区	陕西
255	陕西西安大雁塔·大唐芙蓉园景区	陕西
256	嘉峪关市嘉峪关文物景区	甘肃
257	平凉市崆峒山风景名胜区	甘肃
258	敦煌鸣沙山月牙泉景区	甘肃
259	甘肃天水麦积山景区	甘肃
260	甘肃省张掖市七彩丹霞景区	甘肃
261	西宁市塔尔寺景区	青海
262	青海省海东市互助土族故土园景区	青海
263	青海省青海湖景区	青海
264	中卫市沙坡头旅游景区	宁夏
265	宁夏银川镇北堡西部影视城	宁夏
266	石嘴山市沙湖旅游景区	宁夏
267	银川市灵武水洞沟旅游区	宁夏
268	乌鲁木齐天山大峡谷景区	新疆
269	吐鲁番市葡萄沟风景区	新疆
270	喀什地区喀什噶尔老城景区	新疆
271	喀什地区泽普金湖杨景区	新疆
272	巴音郭楞蒙古自治州博斯腾湖景区	新疆
273	新疆伊犁那拉提旅游风景区	新疆
274	新疆天山天池风景名胜区	新疆
275	新疆生产建设兵团第十师白沙湖景区	新疆
276	新疆维吾尔自治区伊犁州喀拉峻景区	新疆
277	新疆维吾尔自治区巴音州和静巴音布鲁克景区	新疆
278	阿勒泰地区喀纳斯景区	新疆
279	阿勒泰地区富蕴可可托海景区	新疆
280	新疆维吾尔自治区喀什地区帕米尔旅游区	新疆

附录5　主要国家和地区急救热线

中国大陆　匪警：110 火警：119 救护：120

中国香港　报案/火警/救护：（852）999

中国台湾　火警：119 报案：110 防疫咨询：1922 发烧咨询：177

中国澳门　报警/急救：000

日本　匪警：110 火灾/救护：119

泰国　匪警：110 火警：199 救护：1691669

越南　火警：114 匪警：113 救护：115

柬埔寨　火警：118 匪警：117 救护：119

新加坡　匪警：999 救护/火警：995

马来西亚　急救/报警：999

文莱　报警：993 火警：995

巴基斯坦　火警：16 匪警：15 救护：115

菲律宾　报警：117

尼泊尔　报警：100/110/130

印度　火警：101 急救：102

土耳其　交警：154 防暴：155

马耳他　急救：196

俄罗斯　匪警：02 救护：03

法国　匪警：17 救护：15 火警：18

葡萄牙　急救：112

荷兰　匪警：3－22222 火警：3－22333 救护：112

意大利/奥地利　匪警：133 急救：144 火警：112

英国/爱尔兰　报警/救护：999

...10 救护/火警：112

...察：100 火警：199 救护：166

...救护/火警/匪警：112

...瑞士　救护：144 匪警：117 火警：118

西班牙　救护：112 报警：091

匈牙利　匪警：107 救护：104 火警：105

芬兰　报警：112

冰岛　救援：112

克罗地亚　匪警：92 火警：93 救护：94

埃及　报警：122 救护：123

塞舌尔　救护/报警：999

坦桑尼亚　匪警：111 火警/救护：112

南非　匪警：111 火警：331－222 救护：999 或 10177

赞比亚　火警：999 救护：251200 匪警：01_ 254534

美国　急救：911

阿根廷　火警：100 匪警：101 救护：107

澳大利亚　急救：000

加拿大　急救：911

附录6　出境游安全防护

探索更多国家的旅游安全，请扫码阅读。

后 记

　　随着中国经济发展方式转型和旅游业供给侧改革的持续推进，可预见与难以预见的不安全因素影响和制约着旅游业发展，给旅游安全的稳定性带来了更多的不确定性。旅游目的地可能出现的旅游犯罪、旅游纠纷、旅游餐饮住宿问题和自然灾害与恐怖袭击等，是困扰旅游业可持续发展的重要因素。大学生群体拥有强烈的出游意愿，在出游频次、旅游花费、目的地选择上与普通出游群体有明显差异，但是其社会生存经验和安全意识相对来说比较薄弱。对大学生的出游安全与防护管理教育已逐渐纳入到高校课程教育体系中，笔者长期关注大学生旅游安全问题，本书是在近七年来笔者对旅游管理教学和学生管理工作研究基础上完成的，算是对大学生旅游安全教育的一个阶段性总结。

　　本书共分为九章，涉及旅游概论、出游前的准备、旅行社选择、自由出行安全防护、出游过程中的安全防护、常用急救知识等内容。在本书的写作过程中，宁夏大学资源环境学院李陇堂教授，西北民族大学管理学院党委祁永龙书记、管理学院院长王泽民教授给予了热情的关心和支持，在此表示感谢。还要感谢西北民族大学管理学院丁玉芳教授、王生鹏教授、孙永龙副教授、苏知洋副书记和旅游管理教研室主任邹品佳老师等对本书提出的宝贵意见。本书的出版得到了西北民族大学企业管理创新团队项目和中央高校基本科研业务费创新团队培育项目共同资助，在此一并表示感谢。同时，也要感谢我的家人在我写作过程中给予的大力支持和鼓励，祝小玖希健康、茁壮成长。

　　大学生旅游安全与防护管理是一项理论性和实践性都非常强的研究工作，

旅游安全与防护管理的教育现状，按照旅游系统包含模块构

系。旅游安全与防护管理研究处在不断发展过程中，需要深入研

还很多，本书的出版也仅仅是一个开始，希望能有更多的专家学者投

大学生旅游安全教育研究中。作者在完成本书过程中还参阅了许多前人研

成果、资料，未能一一列出，敬请谅解。由于水平有限，书中一定存在许多

不足甚至错误之处，敬请各位读者斧正。

作者

2021 年 4 月 1 日